この世界を科学で眺めたら

真理に近づくための必須エッセイ25

吉田伸夫

技術評論社

「宇宙は膨張する」

「宇宙が？」

「ふくれあがって破裂したらすべてはおしまいだ」

映画『アニー・ホール』〔＊〕より

［＊］『アニー・ホール』は、ウディ・アレンが監督と主演を務めた1977年のアメリカ映画。引用したのは、映画の冒頭近く、少年時代の主人公が先生にやる気が起きない理由を語ったもの（DVD版の日本語字幕による）。

はじめに

科学って何だろう？

日常生活では、科学の存在は陰に隠れている。生成ＡＩやコロナワクチンは科学の成果だが、製品という皮を被っているため、その内側で科学がどんな役割を果たしたか見えにくい。宇宙は膨張しているとか、電子は位置が不確定だとか、現代科学の断片が口にされることはあっても、正しく理解されているわけではない。多くの人にとって、科学とは、生身の人間とは無縁の高尚な知識体系と思えるだろう。

私に言わせれば、こうした考えは偏見である。科学は、他のさまざまな文化と同じく、実に人間的な営みである。ただ、少し敷居が高いだけだ。本書は、そうした思いから、科学についてつらつら書き綴ったエッセイ集である。次の3章構成であり、気になるところから自由に読んでかまわない。

第1章　人と世界

科学によって世界がどこまで理解可能になったか、科学でわからないことは何かなど、科学全般に関するテーマを取り上げる。

第2章　生活と科学

日常生活と科学のつながりを考える。科学とは、生活から切り離された高踏的な知的遊戯ではなく、身の回りの出来事を考える上でも有用なことを示す。

第3章　科学と科学者

私は40年ほど前、所属していないのに科学史研究室に入り浸っていたが、そこで仕入れた話題を中心に並べてみた。科学史を研究する最良の方法は、原論文を深く読み込むことである。

科学とは、ダイナミックに変わり続ける学問である。変化をもたらすのは、科学者という人間の意志だ。話の種に、最先端科学の内容を知りたいと思う人がいるかもしれないが、現実には、正しい知識だけを集めた科学の百科全書など存在しない。新しい学説がいつの間にか見捨てられ、長く日の目を見なかった傍流の研究が実は正しかったとわかることは、決してまれではない。

私も小学生の頃は、教科書が正しい知識の集積だと信じていた。その内容を覚えれば、世界がより深くわかるようになると誤解したのである。

信頼感が揺らぎ出したのは、深刻さを増しつつあった環境問題と教科書の記述に食い違いがあると気づいてから。例えば多目的ダムは、生態系の破壊などが盛んに批判されているのに、社会科の教科書には、発電・治水・利水に役立ち観光にとってもプラスになると、メリットばかりが列挙してある。中高生の時期には、逆に教科書の粗探しを始め、不適切な記述や意図的に避けられた話題（太宰治の小説のどこがカットされたかなど）を見つけて面白がっていた。

大学院生や専門家向けに書かれた科学の教科書も、決して〝正解〟ばかりが書かれている訳ではない。あくまで、その時点のデータに基づいて整理した暫定的な知識のまとまりにすぎない。最先端分野になると、十年も経てば、データが古かったりシミュレーションの精度が低かったりして、かなりの修正が必要となる。

ただし、正解でないからと言って、科学を見捨てるべきではない。多くの誤りやミスリーディングな点が含まれるので、特定の主張を頭から信じるのは危うい。だが、暫定的な知識であっても、さまざまな分野から情報を収集し全体像をイメージすると、おぼろげながら世界のありようがわかってくる。宇宙がビッグバンという大爆発から始まって、現在も膨張を続けているという主張は、そのかなりの部分が修正され、今なお修正中であるものの、〝膨張〟という点に関しては、どうやら正しそうである。

ここ百年ほどの間に科学はずいぶんと進歩したが、これだけで自然界を充分に理解できたと言う人がいたら、あまりに不遜である。その一方で、科学では何もわからないと主張するのも、現状を正しく認識していない。科学で説明できることがわずかながらあるという事実を、素直に認めるべきだろう。

科学は、質問をすれば直ちに答えを出してくれる魔法の箱ではない。何ができ何ができないかをわきまえた上で、最良の使用法を工夫しなければならない。使い勝手が悪くて面倒な、だが、うまくはまればこれほど役に立つものはない、便利なツールである。

本書が、科学について何かを考える（あるいは、感じる）きっかけになれば嬉しい。

２０２５年2月　吉田伸夫

この世界を科学で眺めたら　目次

第1章 人と世界

第2章 生活と科学

第3章

科学と科学者

第1章

人と世界

しみじみと宇宙の巨大さを想う

宇宙の巨大さは、人間の想像を絶する。ひとりの人間にとって、地球は充分すぎるほど巨大だが、その直径は約1万キロにすぎない。太陽はそれより遥かに大きく、約百万キロ。最も近い恒星であるケンタウルス座プロキシマまでの距離は、40兆キロと太陽の直径より桁外れに大きいが、それでも4光年あまり。天の川銀河は差し渡し10万光年もあり、もはやその大きさをイメージすることが、ほとんど不可能となる。さらに、観測可能な範囲内に、こうした銀河は何百億と存在する。観測できない領域を含めた宇宙全体では、いったいどれほどの銀河があるのか、想像も付かない。

なぜ宇宙はこれほど巨大なのか？　その理由について、一つの答え方がある。「宇宙が充分に巨大でないと、知的生命が誕生できないから」という回答である。知的生命が存在しなければ、そもそも宇宙がなぜ巨大なのかと悩む者はいない。

物質的な宇宙は、膨大なエネルギーが放出されたビッグバンを契機として始まった。「ビッグバン（大きなバーン）」という名称とは裏腹に、このエネルギー放出は爆発と全く異なって、揺らぎのほとんどない整然とした出来事だった。

ビッグバン以降、アインシュタインの理論に従って宇宙空間が膨張、エネルギーが希薄化され温度が下がっていったのだが、このとき、エネルギー密度がスムーズにゼロになるのではなく、所々に共鳴状態となったエネルギーの塊（いわゆる素粒子）が残る。ちょうど、巨大地震の震動が収まっても、地震波に共鳴した高層ビルが何分間も揺れ続けるように。このエネルギーの塊が、物質の起源である（共鳴状態が残るメカニズムの詳細、特に〝反物質〟が消滅したカラクリは、いまだ解明されていない）。

エネルギーの塊は互いに重力を及ぼし合い、しだいに凝集して天体や星間ガスを形作る。整然として一様だった宇宙が物質と真空に分かれ、まっさらなタブラ・ラサ（何も書かれていない石板）に、歴史が記され始めたのである。

物質は永遠ではない。塊となっていたエネルギーは、さまざまな原因で少しずつバラバラになって散逸する。原子は崩壊し、物質は雲散霧消する。ただし、物質がなくなるまでには、年数が少なくとも数十桁に及ぶ時間が掛かる。ビッグバンから百数十億年（桁数で言えば11桁）しか経っていない現在は、宇宙の歴史が始まった直後と言って良い。直後ではあるが、その後の長い長い期間に比べて、遥かに実りの多い豊穣な時期だ。

ビッグバンが整然としていたため、宇宙空間には、どこもかしこもほぼ同じ密度で物質が分布することになった。もし大きな揺らぎがあったならば、エネルギーが集中したいくつかの領域に物質が急激に引き寄せられ、恒星を形成する暇もなく超巨大ブラックホールになってしまう。しかし、現実には揺らぎがきわめて小さかったため、物質は至る所で小さな渦巻きを作りながら集まる。質量の大半は渦巻きの中心に引き寄せられ、そこで自重によって押しつぶされ核融合を始めると、熱が発生し恒星となる。その周囲には、遠心力のせいで中心に落ち込めなかった物質が個々別々に集まり、惑星群が形成される。惑星は極寒の宇宙空間に熱を奪われるので温度が低くなるが、恒星からの距離が適切な惑星の表面には、液体の海が存在し得る。

有名な「エントロピー増大則」とは、通俗的な言い方をすれば、「無秩序さが常に増え続ける」ことを意味する。ビッグバンの混沌から始まった宇宙でさらに無秩序さが増えていくのに、なぜ複雑精妙な知的生命体が誕生できたのか不思議に思えるかもしれないが、実は、この法則には抜け道がある。システム内部に極端な温度差があり、その間を大量の熱が流れると、局所的にエントロピーが減少できるのだ。高温の恒星の周りを冷たい海を持つ惑星が公転する惑星系は、まさに、こうしたシステムである。生命とは、恒星からの膨大な光が海に照射されることで引き起こされた、エントロピーを減少させる化学反応の所産と言って良い。

生命が持つ知性は、生存確率を高くするように進化した情報処理システムであり、現実にあり得ないような奇跡の賜物ではない。悠久の時間が利用でき、エントロピーの減少が半永久的に続くならば、確率が低くてもいつかは知的生命にまで進化する可能性がある。

残念ながら、恒星は意外と短寿命である。太陽と同じ質量ならば百億年程度で赤色巨星になって、爆発したり燃え尽きたりする。太陽より小さければ、それなりに寿命が延びるものの、反面、光量が減るので進化が滞る可能性が高い。文明誕生の確率がどの程度かを推定するデータはほとんどないが、地球の場合は、「単細胞生物から多細胞生物へ」というように進化のステップを一段上るだけで、十数億年を要している。恒星寿命の短さを考えると、天の川銀河内部で文明と呼べるものを有するのが人類だけだったと判明しても、私はそれほど驚かない。

では、人類の存在は信じがたいほどの奇跡かというと、そうでもない。ビッグバンが整然とした過程だったおかげで、天の川銀河の外まで考慮すると、人智を超えるほど膨大な数の惑星系が存在する。確率がどうしようもなく低かったとしても、母数が桁外れなのだから、知的生命が現れた星は、かなりの数に上ると思って良いだろう。もっとも、地球のすぐそばに別の知的生命が生まれるという奇跡的な出来事が起きなければ、人類が異星人と交流するのは困難だろうが。

宇宙は想像を絶するほど巨大だが、これほど巨大だったからこそ、人類のような知的生命が登場できたのだ。逆に言えば、生命や人間の存在は、宇宙がその巨体を投じて変化を引き起こさなければ生まれない、貴重なものでもある。

物事には原因と結果がある？

学生から質問されたことがある。「運動方程式って、力を加えたときどんな加速度で動くかを求める式じゃないですか。つまり、力が原因で加速度が結果だと考えていいんですよね」と。

ニュートンの運動方程式は、物体に加わる力と加速度が比例関係にあるという式で、日常生活のスケールならば高い精度で成り立つ。そのとき「力が先に与えられた原因であり、力が加わった結果として、定まった加速度の運動が引き起こされる」と解釈してかまわないかという質問である。

答えを言ってしまうと、この解釈は物理学的な観点から見て誤りである。だが、なぜ誤っているかを説明するのは、かなり面倒だ。テコを使って岩を持ち上げるケースのように、意図的に物を移動するとき、移動という目標を実現するために力を作用させるので、いかにも「力が原因、移動が結果」のように見えるからだ。

時間の先後関係を使えば、両者が原因と結果の関係にないことは明らかだろう。運動方程式で結びつけられる力と加速度は、同じ時刻の値であり、時間的に先行する原因と遅れて現れる結果ではあり得ない。もうちょっと本格的な話をすれば、現在信じられている物理学の基礎理論は、時間と空間を一体化して扱う相対論的な場の理論である。力は空間と関係する量、加速度は時間と関係する量であり、両者は本来一体化していて固定された境界はない。原因と結果に分離することは、物理的に不可能なのである。

もっとも、ここでは物理学の話ではなく、人間が物事をどのように認識するかという観点からアプローチしてみたい。

すでに多くの哲学者・心理学者が指摘しているように、物事を原因と結果の関係によって結びつけるのは、自然界の法則ではなく、人間が外界を認識するときのやり方である。現実に起きる出来事は、さまざまな要素が複雑な影響を及ぼし合いながら連続的に変化していく。人間（および他の知性を持つ動物）は、そうした連続的な変化をいくつかのまとまった部分（「力を加えるテコ」とか「持ち上げられる岩」のような）に区分し、それらの間に成り立つ関係を特定の形式に当てはめて認識する。「原因と結果」は、頻繁に用いられる形式の一つである。

形式に当てはめて物事を認識することは、生き延びる上で役に立つ。レバーを押すと餌が出る給餌器をネズミの飼育ケージに設置すると、初めのうちはデタラメにいじり回しているが、レバーに触れたとき餌が出るという体験を何回か繰り返すうちに、食べたいときにレバーを押すようになる。別に、給餌器がどんなメカニズムで作動するかを理解したわけではない。「レバーを押す」「餌が出る」という2つの事態を、原因と結果のような形式的な関係で結びつけただけである。この結びつきに基づいて行動すれば、即座に餌を得ることができ、まだ気づいていない他のネズミよりも優位な立場を獲得できる。

人間は、ネズミよりも遥かに膨大な関連情報を付け加えるので、認識の総体は複雑に入り組んだ内容になるものの、ベースに比較的単純な形式があることに変わりはない。「テコを使って岩を押した」「岩が上に持ち上がった」という一連の事態が繰り返された場合、前者を原因、後者を結果として関係づけるのがふつうだ。このような関係を記憶しておけば、他の物体を持ち上げる必要が生じたとき、テコを使うという手段をすぐに思いつける。確かに、生活する上で便利である。

ただし、テコの使用と物体の移動が、物理法則としての原因と結果の関係にあるわけではない。給餌器のケースで、「レバーを押す」と「餌が出る」の間に物理法則に基づくつながりがないのと同じである。

人間は物理現象のごく一部しか認識していないので、因果連鎖を単純なものと思いがちだ。しかし、現実世界における無数の要素の絡まり合いは、もともと単純な形式に収まるわけではない。

例えば、自動車事故が起きるまでには、路面とタイヤの摩擦の変化やエンジンにおける内燃過程の揺らぎ、あるいは、ドライバーの視野に入った光景や聞こえた物音が、走行に少しずつ影響を与えており、これらすべてが因果連鎖の一部を構成する。それでも、くぼみに溜まっていた水のせいでスリップしたことの寄与が大きく、この水がなければ事故は起きなかったと推定されれば、「事故原因は路面の水」と判断される。この判断に基づいて水が溜まりにくい吸水性の舗装に変更し、その後で事故件数が減少した場合は、事故に関する原因と結果の推定が（正しいとは言えないまでも）有用だったことになる。

原因と結果という認識の形式が広く用いられるのは、因果関係が物理法則として自然界に備わっているからではない。この認識の仕方が人間にとって役に立つので、経験を通じて身についたのである。

少し突飛な例を挙げよう。突然変異でクラゲが高度な知性を持ったとしたら、〝彼〟は、おそらく物事を原因と結果に分ける考え方はするまい。クラゲは、周囲の水の温度・圧力・流速、あるいは溶質の化学組成などについてのセンサーを持っており、環境に関してアナログ的な把握をする。原因と結果を抽出する代わりに、連続的な変化の傾向性を捉えるはずである。温度がこの程度で潮の流れがこんな具合だと、プランクトンはあそこに集まるというように。いかに知的なクラゲであっても、原因と結果という関係は、理解の埒外だろう。

ところで、どうでもいい話だが、知的なクラゲの学校ではどんな授業が行われるか、ちょっと気になる。アナログ的な把握に長けているのだから、微分・積分は小学生でもわかるのに、1足す1が2に等しいことは、大学生にも難しい高等数学になるかもしれない。

〝真空〟に満ちているもの

高校生の頃、「何もない」とはどういうことか悩んだ。簡単なようで、とてつもなく難しい問いだ。

日常的な体験では、目の前に机なり書物なり何かが見えると、「机がある」「書物がある」と確信を持って主張できる。「何もない」とは、こうした具体物が存在しない空間領域を指すことが多い。しかし、別の表現を否定することでしか定義できない言葉を、どう理解したら良いのだろうか？　具体物を取り除いていって最後に残るのが「何もない空間」だ――そんな言い方では、何もない空間そのものが何かは説明されていない。何もない空間は本当に存在するのか。何もない空間に時間は流れるのか。何もない空間に物体を持ち込むとき空間は変化しないのか。そんな問題をいくら考えても、答えが出せなかった。答えが見つからなかったのは、むしろ幸いだった。下手に結論めいたものを信じていたら、かえって真実から遠ざかっただろう。

何もない空間、いわゆる「真空」の存在に本格的に向き合ったのは、ガリレオやニュートンといったヨーロッパ近代初期の物理学者である。

ガリレオは、工夫を凝らした実験を通じて、摩擦や空気抵抗を減らした極限では、物体の落下運動がきわめてシンプルな数式で表されることに気がついた。そこから、実際の現象が複雑なのは多くの物体が作用し合うせいであり、真空中で孤立した物体ならば単純な法則に支配されるという発想に近づく。

古代ギリシャの哲学者アリストテレスは、空気のような媒質が常に満ちあふれているので、真空は存在できないと考えた。一方ガリレオは、何らかの方法で空気を取り除くことも可能だと洞察したのである。このアイデアが正しいことは、彼の死後、弟子のトリチェリが水銀柱を使って実証した。ただし、空気の除去に限定した話だが。

ガリレオが真空の考えを宇宙にまで拡張したかは、はっきりしない。何もない空間が星々の彼方にどこまでも広がっているのか、何もない空間に何らかの境界があるのか、それとも…。当時の観測技術では答えようのない問いに対して、ガリレオ自身、戸惑っていたのかもしれない。

ニュートンは、この問題を形式論で割り切ろうとした。空間や時間は、物体の存在や運動が実現されるために必要な枠組みであり、それがどんなものかは、みんな知っているだろう——主著『プリンキピア』における空間や時間の説明は、そんな風にぶっきらぼうである。

ガリレオやニュートンは、何とかして世界の本質に迫りたいと願いながら、どこかで知性の限界を感じていたのかもしれない。存在する物体を一つずつ取り除いていくと、確かに現象はどんどん単純化され、見通しの良いものになっていく。しかし、最後の一片を取り去って、物理現象を担うすべてが消失したとき、そこに何かが残るかどうかを考えようとしても、その手がかりすら失われてしまう。

ニュートンの形式論を覆して「何もない」ことの理解を根底から変えたのが、現代的な場の理論——一般相対論と場の量子論——の登場である。この理論が意味するところをつかめたとき、私は、物理の根源に迫る道が見えたと感じた。

まず、一般相対論によって、時間や空間はそれ自体が場と呼ばれる物理現象の担い手で、単なる形式でないことが示された。続く場の量子論は、重力の作用に限定されていた一般相対論を拡張し、場があらゆる物理現象を形作っている可能性を示唆した。「枠組みとしての空間を前提として、その内部の物質を考える」という論法ではなく、どんな現象も場という単一の実体が引き起こすという考え方だ。ただし、《重力の場》と《物質の場》を統一する試みはいまだ成功しておらず、現代物理学最大の目標となっている。

場の量子論によれば、エネルギーを注入された場は、激しく振動する励起状態（英語を直訳すると「興奮した状態」）になる。こうした励起状態が組み合わさって安定化すると、原子や分子のように、あたかも実体であるかのごとく振る舞う。

「何もない」空間とは、実体を取り去った残りではなく、エネルギーが散逸して実体のように振る舞う状態が作り出せなくなった領域のことだ——それが、現代的な場の理論の結論である。エネルギーが失われても場そのものは存在しており、「物質がなくなった後に何が残るのか」という問いに対しては、「興奮していない場が残る」と答えられる。

何もないはずの真空は、実は、場という実体が詰まっている。「自然は真空を嫌う」というアリストテレスの世界観が復活したとも言える。

現代的な場の理論は、実体と現象に関する常識をひっくり返した。素朴に考えると、永く存在し続ける実体こそ本質的であり、現象は、シャボン玉のように儚いかりそめの出来事のように思えるだろう。だが、場の量子論の世界観は真逆である。場は物理現象の担い手という意味では実体だが、それだけでは何も生み出さない。どのようにエネルギーがやり取りされ、どんな状態が生起するかという現象を通じて、複雑にして精妙な世界が作られていく。確かに、現象はいつか消え去る。だが、安定した原子核の持続時間は恒星の寿命よりも長く、人類にとっては永遠に近い。

場は実体と呼ばれてしかるべきものだが、単に存在するだけのつまらないものにすぎない。世界に価値を生み出すのは、場という実体の変化として生命や人類を生み出す現象の方なのだ。

量子のトリセツ

理工系の大学に進学すると、2、3年次あたりで「量子力学」なる教科を勉強することが多い。しかし、これが実に困った代物である。

量子力学は、1920年代に形式が整えられた。それから約100年、形式はほとんど変わっていない。理論物理学は急激に進歩し、素粒子や宇宙に関して新たな理論が次々と作られているのに。

量子力学の形式が変わらないのは、それが「正しい」からではなく、それで「充分」だからだ。量子力学はきわめて応用性に富んだ学問ジャンルであり、トンネル効果を利用した半導体の設計など、ビジネスと直接結びつくケースも多い。こうした応用分野では、素粒子に関する基礎理論から出発する必要はない。SSDなどトンネル効果を応用する半導体ならば、「電圧とトンネル電流の関係」のような特定の結果だけが導ければ充分で、それ以外の詳細がわからなくてもデバイスは製造できる。教科書に記される量子力学とは、こうした特定の用途で役に立つ結果を導けるように、周辺的な内容を削ぎ落として整頓されたものである。

量子力学の標準形式は、歴史的な理由で「コペンハーゲン解釈」と呼ばれることが多いが、〝解釈〟という表現に見合うほどの内容はない。あるセットアップで実験したとき、結果を予測する手順をまとめたものである。量子力学を理論的なツールとして用いる場合の〝取扱説明書〟、略して「量子のトリセツ」とでも呼ぶ方が適切だろう。

はっきり言っておくが、量子力学は、そのままでは相対論と矛盾する不完全な理論である。にもかかわらず、今なお広く利用されているのは、より根源的な理論である相対論的な量子力学——場の量子論——が、技術的な応用にはまったくの役立たずだからだ。

場の量子論は1930年代初頭に形式が完成したものの、当初は致命的な欠陥を内包していたため、長く無価値な理論と思われていた。この欠陥は、くりこみ群など新たに開発されたテクニックによって、70年代までにほぼ取り除かれた。だが、現実に当てはめようとしても人間の手に負えないほど複雑なため、「役に立たない」という性格は、今なお変わらない。何しろ、変数が無限個ある積分方程式になるのだから。技術分野で量子効果を利用する場合には、場の量子論ではなく、不完全であることをわきまえた上で、《非》相対論的な量子力学を使わざるを得ない。

量子のトリセツは、不完全でも使えるように工夫されている。このトリセツに従いさえすれば、物理現象の本質が理解の圏外であっても、量子力学を役に立てられる。ちょうど、何をやっているのかアルゴリズムがはっきりしないが、適切なデータを入れさえすれば有用な答えが出力されるPCアプリのようなものだ。

とは言え、このトリセツの訳のわからなさに閉口する人は少なくない。自分を納得させたいからか、時に怪しげな〝哲学〟まで持ち出されるが、そうした哲学的な議論の大半は、的外れの謬説だ。そこそこ量子論を知っている側からすると、何ともユウウツな状況である。

ふつうに考えると、原子や分子は時間とともに連続的に変動するはずである。しかし、こうした変動は、エネルギーが光速で移動する過程なので、相対論を使わなければ具体的に論じられない。光のエネルギーを吸収して原子が状態を変える場合、非相対論的な量子力学では途中の過程に目をつぶり、時間変動のない安定した状態から別の安定状態へと「量子飛躍」したかのように記される。

本来備わっているはずの多くの性質を無視したせいで、量子力学における電子は、かなり常識外れの振る舞いをする。例えば、電子には小さな磁石としての性質があり、その向きはアップとダウンの2つしかないとされる。しかし、本来3次元のどの方向にもなり得るはずなのに、磁石の向きがなぜ2つに限られるのか？　実は、磁石の性質は電子の場が4つの成分を持つことに起因するのだが、場の変化が非相対論的な量子力学では扱えないため、安定な2つの共鳴状態を使って表記を簡略化したにすぎない。無限の変化を実現できる場の存在を黙殺して「状態は2つだけ」と頭ごなしに仮定したせいで、量子力学における電子スピンの説明は、ひどくわかりにくくなってしまった。

量子力学には、変化の途中で何が起きるかを論じる能力がなく、変化が始まる前と終わった後の間に成立する数学的な関係しか扱えない。量子のトリセツには、この関係を見いだすためにどんな計算をすれば良いかが記されており、その結果をトランジスタの設計などに応用できる。「途中で何が起きているのか」と悩んでも、量子力学の範囲に答えはない。

もっとも、ただわからないと言うだけではいかにも心許ないので、少し先に進んだ議論が考案されている。日本ではあまり紹介されないが、欧米では、1960年代以降に量子力学の基礎に関する研究が進んでおり、かつて初学者を混乱させた〝観測者〟——その人物が観測を行うと世界が一瞬で変化する——という不可解な概念は、必要のないことが明らかにされた。

こうした理論的進展によって、量子論の計算で求められる時間変化を、互いに干渉し合わない歴史の束と見なす立場が生まれた。きっかけになったのは、1984年に提唱されたグリフィスの「矛盾しない歴史」解釈で、以後、さまざまな改良版が構築された。現実に起きるのは、束になった歴史の一つだと考えてかまわない。ただし、どの歴史が実現されるかを決定するメカニズムは、明らかでない（し、そんなメカニズムは存在しないかもしれない）。

残念なことに、量子力学の基礎理論がどんなに進歩しても、その主張は量子のトリセツに採用されない。量子論的な過程を干渉しない歴史の束と見なす考え方は、物事の本質を知りたがる人にとって腑に落ちる内容であっても、量子力学を使った計算の結果を左右するものではない。どう足掻いても技術に役立てられないのだから、応用を重視する立場からは無視されるだけである。

量子のトリセツは、あくまでツールの使用法だけをまとめたものでしかない。トリセツに記された内容を現実の記述だと思い込むと、観測者が何かを観測した瞬間に全世界が変わるとか、いくつもの歴史が分岐して多世界になるといった、奇妙でバカげた話に導かれる。

コンピュータの場合、アプリの使い方を記した取扱説明書をいくら読み込んでも、どんな演算が行われているかはわからない。ましてや、ハードウェアの動作は完全に度外視される。それと同じように、コペンハーゲン解釈に基づく量子のトリセツをいくら真剣に勉強しても、物理の本質を理解することはできない。

そうは言っても、大学では、トリセツしか書かれてない教科書を使って量子力学の勉強をしなければならない。学生も教官も、いらぬ苦労を強いられる訳である。

虚数は〝魔法の数〟ではない

大学生の時、教授が紹介してくれた実話。昔、湯川秀樹が市民のために最先端物理学の講演を行ったところ、おかしな質問をしてくる聴講者がいたという。どうやら、素粒子のπ（パイ中間子）と数字のπ（円周率）を混同していたらしい。

うっかりすると神秘的な意味合いを感じかねない数は、有名なオイラーの関係式に勢揃いする。この関係式は、「e（自然対数の底）のi（虚数単位）×π（円周率）乗はマイナス1に等しい」というもの。e、i、πという、いずれ劣らぬ謎めいた数は、純粋数学にも物理学の公式にも頻繁に現れる。特に、量子論では、シュレディンガー方程式や経路積分（「量子化」という操作を行うための積分）の計算に、この3つの数がいやと言うほど登場する。

円周率πは、円周と直径の比として小学校で習うので、まだしもわかりやすい。これに対して、虚数単位iにどんな意味があるか理解するのは、かなり骨が折れる。虚数は英語で「imaginary number（仮想的な数）」と呼ばれ、「real number（現実的な数、実数）」に対置される。仮想的な数を使わないと記述できない量子論とは、何とも面妖な理論だが、なぜ現実を対象とするはずの物理学で虚数が必要とされるのか。答えは、「振動を記述するのに都合が良いから」という神秘性も面白みもないものである（以下の議論は、複素数の初歩を知っている人のためのものであり、難しいと感じたら読み流してかまわない）。

虚数の特徴を端的に示すのが、「2乗するとマイナスになる」という性質である。この性質を説明するには、数直線によって実数を表すところから始めるのが近道である。

直線上のどこかに原点を定め、直線上の点は、原点の右／左に応じてプラス／マイナスの符号を、原点からの距離に等しい絶対値を持つ実数とする。

こんな書き方をすると、数学者に怒られるかもしれない。数学では、まず数の値を決め、それを使って距離を定義するのだから。しかし、ここで論じたいのは物理学で利用するための数学であり、物理的な距離は結晶における原子間隔のような具体的事物を使って決められるので、数の値に先立って距離が与えられる。

実数が定義された数直線を使うと、足し算は簡単にイメージできる。プラスの数の足し算は数直線の右方向への移動で、マイナスの場合は左方向への移動になる。一方、掛け算になると、プラスの数を掛けた場合、原点に対して右か左かは元の数と変わらないが、マイナスの数を掛けるときには、左右を反転させなければならない。

2乗してマイナスになる実数が存在しないのは、この「左右を反転させる」というのが離散的な操作、すなわち、少しずつの変化の積み重ねでない一足飛びの変化のせいである。プラスの数にプラスを掛けても、左右は反転されず元の右側のまま、一方、マイナスの数にマイナスを掛けると、元の左側から反転して右側に移る。これをまとめれば、実数を2乗すると必ずプラスになる。

反転という離散的な操作に原因があるのだから、2乗してマイナスになる数を導入するためには、掛け算の定義を連続的な操作に変更すれば良い。具体的には、マイナスを掛ける操作を左右の反転ではなく、180度の回転だと考える（図1）。数直線を平面に埋め込み、原点と数直線上の点を結ぶ線分を、原点を中心として反時計回りに180度だけ回転すれば、端点の位置は、左右を反転したのと同じことになる。反転と違って回転なら角度は連続的に変えられるが、180度以外の角度にすると、数直線からはみ出してしまう。

こうした定義の変更は、数直線上に制限されていた数を、数平面（複素平面）上に拡張することを意味する。数平面上の点として与えられる複素数は、絶対値（原点からの距離）と偏角（数直線のプラス部分に対する角度）という2つの要素で定義される二元数である。プラス1は絶対値1、偏角0度の複素数、マイナス1は絶対値1、偏角180度の複素数である。

2乗した数がマイナスになるという不思議を実現するには、「積の偏角は偏角の和になる」と決めれば良い（積の絶対値は、実数の場合と同様に定義する）。絶対値1、偏角90度の複素数をiと書くことにすると、i同士を掛け合わせた積の偏角は、それぞれの偏角である90度の和に

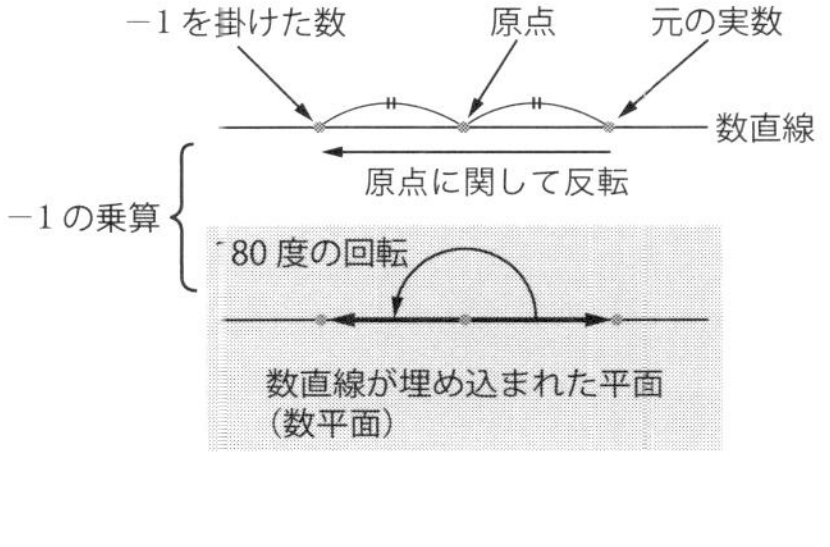

図1．数直線と数平面における−1の乗算

なるので、１８０度に等しい。つまり、iの２乗は絶対値1、偏角１８０度の複素数であるマイナス１に等しくなり、iは虚数単位と同定される。このように、「掛け算とは複素平面で数を回転させることだ」と定義し直せば、２乗するとマイナスになる数を構成できる。

オイラーの関係式によれば、マイナス１はeの$i \times \pi$乗に等しい。マイナス１の偏角は１８０度だが、１８０度をラジアン単位（単位円の弧長に相当）で表すとπになるのだから、オイラーの関係式を一般化して、絶対値１の複素数はeの$i \times$偏角［ラジアン］乗になると予想される（この予想は、解析学を使うと直ちに証明できる）。３つの不思議な数e、i、πが満たすオイラーの関係式とは、「eのix乗が単位円上の複素数で、xを増やすと円周上を移動する」という幾何学的な関係の特別なケースだとわかる（図２）。

数学の教科書には、「任意の代数方程式が解を持つように実数を拡張した二元数が複素数だ」などと書かれており、何のことやらよくわからない。物理学者はもっとシンプルに考える。複素数とは、掛け算をして偏角を変えると数平面上でクルクル回転する数なのである（数学者の皆さん、抑えて抑えて！）。

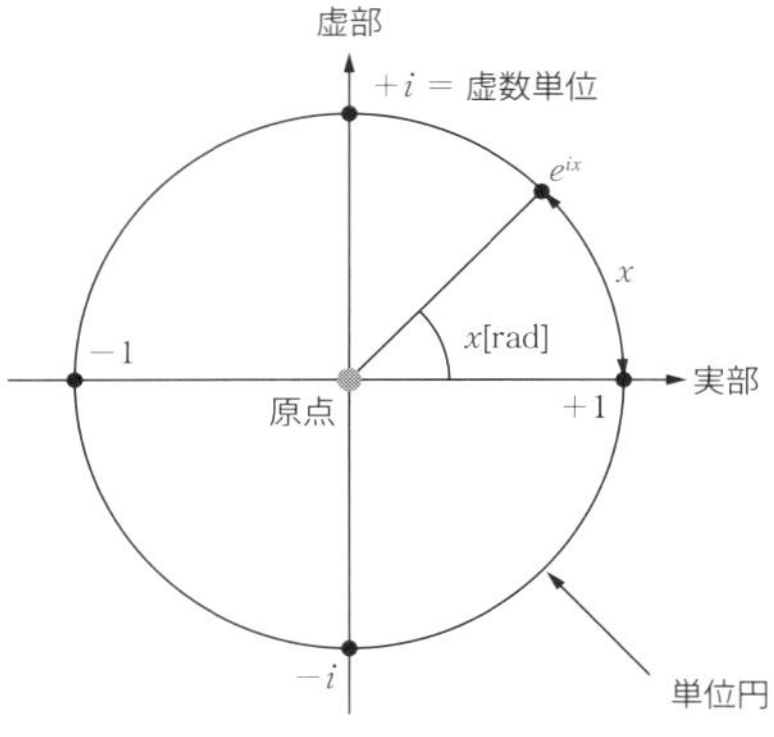

図２．複素平面における虚数単位

複素数を使えば、振動の過程が実に簡単に表せる。何しろ、eのix乗という簡単な式の実部（複素平面上の点から数直線上に引いた垂線の足が表す実数）が、そのまま振動する関数になるのだから。複素数が普及する前は、三角関数という面倒なツールを利用しなければならなかったが、複素数を使うと、加法定理のようなうっとうしい公式を暗記していなくても、振動の計算がすらすらできる。

複素数によって振動の記述が簡単になることは、交流回路理論を知っている人には納得できるだろう。交流回路では、電流や電圧が一定の周波数で振動しているので、振動部分をすべてeのix乗という項にまとめることができる。そうすると、交流電源にコイルやコンデンサーを接続したときの電流変化を求めるのに複素代数方程式が使えるので、計算がきわめて簡単になる（残念ながら、交流回路は〝枯れた〟技術で人気が乏しく、高校物理ではほとんど教えられなくなってしまったが）。

量子論も同様だ。基本的な式にiが現れるのは、現象の根底に振動が存在することを意味する。量子論とは、2乗するとマイナスになる摩訶不思議な数に支配された奇妙な理論ではないのだ。ついでに言うと、ホーキングが量子論に基づく宇宙創成のアイデアを提唱したとき、虚数時間という用語を使ったせいで何か神秘的な議論をしたかと誤解した人もいたようだが、単に、物理量が時間とともに振動する影響をコントロールする手段にすぎなかった。

本当は難しいニュートン力学

ニュートン力学は、いろんな場面で当たり前のように利用される。機械や建物を設計する際には、各部分にどの程度の荷重が加わるかを力学公式から求められるので、安全性を確保する上で必要不可欠だ。細部には相対論や量子論に基づいて修正すべき点があるものの、実用的には何の問題もない〝枯れた〟理論とされる。

とは言え、考え出すとわからなくなることがある。体系の基盤となる「運動の3法則」のうち、力と加速度の関係を表した「運動方程式」の意義は、疑うべくもない。だが、残りの2つは、果たして運動方程式と肩を並べるほど根源的な法則なのか？

ニュートンが「慣性の法則」を3法則の一つに掲げた理由は、なんとなく推測できる。おそらく、物体を一定速度で運動させる〝活力（インペトゥス）〟を想定したデカルトの仮説を排除するためだろう。しかし、慣性の法則とともに「作用・反作用の法則」を重視した理由は、今ひとつ理解しかねる。

ニュートン力学は、力と運動に関する理論体系でありながら、力の定義が曖昧である。重力は逆二乗則を使って大きさが求められるのに、それ以外の力は、大きさを決める手がかりがほとんどない。定義がはっきりしないのに、「2つの物体の間で相互に働く力は、向きが逆で大きさが等しい」という作用・反作用の法則を、運動の3法則に含めたのはなぜだろう。

ニュートンが力学体系を発表した17世紀当時、動いている物体を扱う動力学はまだまだ未熟だった。広く受け入れられていたのは、力が釣り合って動かない状態を論じる静力学だけで、釣り合いが破れて動き出すと、もはやお手上げだった。静力学の場合、用いられる力は、物体同士が接触したときに作用する衝撃力か圧力に限られる。重力は、力ではなく物体が下に沈み込もうとする性質の表れと見なす人が多かった。静電気力（クーロン力）や磁気力（磁石に加わる力）は、その存在こそ知られていたものの、力学体系に組み込めるかどうか不明だった。

静力学に現れる力の起源として、古くから想定されたのが、「同じ場所に2つの物体が同時に存在することはできない」という「相互排他性」である。力とは、物体同士が互いに相手を排斥しようとして作用するという見方だ。この見方が正しいとすると、力は、物体が接触しているときに、互いに押し合う方向にだけ作用する。

しかし、ニュートンの重力は、離れていても作用する引力だった。当然、重力は他の力と同等に扱えないと批判する者も現れよう。ここで重力は衝撃力や圧力と多くの共通点を持つと指摘できれば、矛を収める論者も出てくるのではないか。

静力学において、作用・反作用の法則は広く受け入れられていた。積み木のようなものを2つ並べて両側から同じ力で押す場合を考えよう。積み木AがBを押す力とBがAを押す力が等しくないと、AまたはBだけに着目したとき力の釣り合いが破れてしまう。複数の部分から構成される物体が静止しているとき、どの部分でも力の釣り合いが成り立つはずなので、作用と反作用は向きが逆で大きさが等しくなるべきだと考えられる。

ニュートンによると、重力は瞬間的に空間を飛び越えて作用する不可解な遠隔力として定義されていた。それでも、2つの物体の間に働く重力は、向きが逆向き、大きさが物体間の距離と質量の積で決まるという法則なので、作用・反作用の法則を満たす。そのほかにも、重力は、静力学で用いられる力と同じく「力の平行四辺形」を用いた分解・合成の法則に従っており、衝撃力や圧力と同等の力と考えてかまわないようにも思える。

しかし――ここで疑念が生じる――ニュートン自身は、果たしてそうした考えを信じていたのだろうか。ニュートンが「重力は遠隔力だ」というアイデアに対して疑問を抱いていたと主張する科学史家は、少なくない。天体の間に力を伝える媒質が存在し、重力の作用は、媒質内部を順次伝わっていくという理論もあり得る。

ニュートンの時代にはわかっていなかったが、現在では、太陽と地球の間で物理的作用が伝わるのに、約8分掛かることが知られている。つまり、地球に及ぼされる太陽の重力は8分前の位置からのものである。一方、地球が太陽を引っ張るときの重力は、8分前の地球の位置からなので、地球と太陽が引き合うときのそれぞれの重力は、向きや大きさが作用・反作用の法則を満たしていない。ニュートンはその可能性に気がついていたのに、あえて口をつぐんだのだろうか。

現代物理学では、瞬間的に遠方まで作用が及ぶという遠隔力の存在は否定される。静力学における力の起源は、物体同士が相手を排除しようとする相互排他性ではなく、物体間にわずかな隙間があり、そこに力を伝える場が存在すると見なされる。「2つの物体が互いに及ぼし合う力」という意味での作用と反作用は、そもそも力学体系の中に存在しない。

それでは、作用・反作用の法則は、現在どのように解釈されているのか。

ニュートン力学は、18世紀のラグランジュや19世紀のハミルトンによって、「解析力学」として再定式化された。これは、ニュートンの体系のように運動方程式を基盤とするのではなく、運動方程式そのものを導く根源的な物理量（ラグランジアンとかハミルトニアンと呼ばれるもの）から出発する。20世紀になると、こうした形式は、単に力学にとどまらず、あらゆる物理現象を記述するための一般的な枠組みと考えられるようになる。

一般化された解析力学で作用・反作用の法則に相当するのは、相互作用が単一の式で記述されるという原則である。例えば、電磁気学において、電荷が電磁場を生み出し、電磁場から電荷に力が働くといった、互いに相手に及ぼす作用が、電荷と電磁場の相互作用を表す一つの式から導き出される。この式が、ニュートンが見いだせなかった力の定義を与える。作用・反作用の法則は、ニュートンの時代には思いもよらなかった形で、物理学の基礎として生き残っているのだ。

最先端科学は間違いばかり

「科学は常に進歩する」と考える人は、新しい学説ほど真理に近づいていると思うだろう。しかし、現実の科学は違う。科学が後退したりほっつき歩いたりすることは、決して稀ではない。

素粒子論や宇宙論では、後に誤りだと判明する〝最新学説〟が実に多い。と言うか、単純に初出の論文数で比較するならば、むしろ誤っている学説の方が多いくらいだ。新しい論文を読んで知識をアップデートしたつもりでいると、恥をかきかねない。

宇宙論のトピックを扱っているサイトを見たところ、「観測可能な領域すべてがブラックホールの内部かもしれない」とか「時空の膨張や収縮を利用して超光速のワープができる」といった話題が紹介されていた。科学の最先端でそんなことが研究されていると思ったら、たいへんな誤解である。そういう論文が書かれたというだけで、正しいという保証はどこにもないし、その説を信じる科学者が多い訳でもない（執筆者を含めて、一人もいないことがある）。紹介した2つの理論を評するならば、前者は「宇宙全体の幾何学構造が観測できないので、（何を言っても）嘘ではない」、後者は「理論的には可能性があるが、必要なエネルギーがとてつもなく巨大で現実には不可能」である。

もっとも、こうした状況は、学問としての営みが健全な証拠である。

科学とは、誰かが思いついたアイデアを、みんなで協力して検討するという民主的な学問である。アカデミズムの世界には、権力に媚びる御用学者が顔を利かせているジャンルがあるかもしれないが、科学の場合、アマチュア学者から功成り名遂げた大家まで誰もが学説を提案でき、その妥当性に関していろんな人が議論に参加する。

もちろん、注目される度合いには差がある。有名大学の教授の方が、論文が読まれる機会も多いし、引用数も自然と増える。また、有力な学術誌にはピアレビューという査読システムがあり、投稿された論文を同じ分野の研究者が読んで掲載の是非を判定する（後にノーベル賞を受賞する研究成果が査読で落選するなど、たまに不適切な審査も起きる）。だが、大御所格の研究者でなければ発表ができないほど閉鎖的な〝象牙の塔〟ではない。

研究発表が誰でもできるのだから、当然、新しい学説は玉石混淆で、時が経つにつれて大部分が忘れ去られていく。それでも、キラリと光るアイデアがあれば、モノになるかもしれないと後続研究を始める人が現れる。最初に提案されたままでは正しいと言えなくても、批判に晒されながら修正を重ねるうちに、教科書に載るような定説へと成長することもある。

学説の検討と修正が繰り返されている段階では、最新の研究成果であっても、あまり信じない方が良い。学界の状況が落ち着いてくると、その分野の専門家と目される人に、有力学術誌から関連学説を総合的に評価するレビューの執筆が依頼される。こうしたレビューは信頼性が高いので、専門外の人が正しそうな学説を知りたければ、研究論文よりもレビューに目を通すべきだろう。

ただし、注意しなければならないケースがある。〝クローズド・サークル〟で研究が行われている場合だ。同じ考えを持った人ばかりが仲良しグループのように集まっていると、学説の検討が充分批判的にならず、おかしな方向に研究が進んでしまうこともある。ときには、後に誤りとわかる主張が十年以上にわたり画期的な学説として喧伝され、論文やレビューのみならず一般向けの書物まで出版されたりする。

そうした例は、素粒子論の分野で目に付く。高度な数学を用いた学説がもてはやされ情熱的に研究されたものの、結局、費やされた労力に見合う成果が得られなかったケースが少なくない。特に有名なのが、1960年代の靴ひも（ブーツストラップ）理論と、80～90年代の超ひも（スーパーストリング）理論だろう。どうも「ひも」は、素粒子論にとって鬼門のようだ。

2つの理論とも、使われる数学があまりに難しく、習熟した専門家にしか内容が理解できない。しかも、出発点となる原理の制約（靴ひも理論は還元主義の否定、超ひも理論は超対称性と一次元性の仮定）がきわめて強く、修正を加える余地に乏しい。その結果、信奉する研究者たちがクローズド・サークルを形成し、ほとんど内輪だけで研究が続けられた。

こうしたやり方は、やはり素粒子論の分野で1960年代に進められたハドロン模型の研究と対照的である。ハドロンとは陽子や中性子、中間子などの総称で、これが何であるかを具体的な模型に基づいて説明するのが課題だった。クォークと呼ばれる未発見の粒子から構成されるというクォーク仮説が有力だったが、クォークをまとめる力についてはわからないことだらけで、実験データを説明するために次々と斬新なアイデアが提案された。孤立したクォークが見つからない理由として考え出されたのがカラー自由度の仮説。中間子は両端にクォークが付いたひもだと仮定するひも理論。さらには、ハドロンは個数が不定の粒子から構成されるというパートン模型や、その粒子がまるで袋の中の自由粒子のようだというバッグ模型など。

これらの模型はどれも一長一短で、完璧に正しいものは一つもなかった。しかし、場の量子論の研究が進展するにつれて、それぞれの模型の利点を生かしながら統合する方向性が見えてくる。最終的に、ゲージ理論（場の量子論の一種で、ハドロンの場合は、カラー自由度を取り込んだ非可換ゲージ理論）を使ってすべてのハドロンを統一的に扱うことに成功した。ゲージ理論を使えば、クォークの質量が大きい中間子はひものように振る舞い、高速の電子をぶつけて陽子を破壊するときには近似的にパートン模型が通用することが、理論的に説明できる。

靴ひも理論や超ひも理論には、他の理論との折衷を許す柔軟性がなかったため、結局は行き詰まった。これに対して、ハドロン模型の研究では、実験や観測のデータに基づく半経験的な法則が指針となり、さまざまな模型をまぜこぜにしながら具体的なイメージが練り上げられた。パートン模型やひも理論などは、そのままでは正しくなかったものの、一部を他の理論と組み合わせることで役に立った。

最新学説は間違っていることが多い。しかし、学説を巡ってさまざまな研究者が議論を重ねるならば、たとえ間違っていても、科学の進歩に貢献できる。

究極のエネルギーを求めて

エネルギーのあり方について、人々の関心は高い。一方には、気候変動を防ごうと化石燃料の使用を減らす動きがあり、他方、チェルノブイリや福島の事故以来、原子力に対する反感も根強い。環境破壊や健康被害を引き起こさず、社会が必要とする量をまかなえるエネルギー源はないのか、答えが聞きたいと思っている人も多いだろう。

答えを言ってあげよう。そんな都合の良いエネルギーなど、存在しない！

そもそもエネルギーとは何なのか？　物理学的な説明をすると難しくなるのでポイントだけを言うと、決して〝活力〟のような神秘的なものではない。時間が経っても物理法則が変わりさえしなければ、一定に保たれることが保証される物理量である。当たり前の性質からその存在が数学的に導かれる、ありふれたものと言って良い。

物質はすべて、とてつもなく巨大なエネルギーの塊である。ガソリンは燃やすと内部に秘めたエネルギーを熱の形で放出するが、これは、物質が持つ全エネルギーのごくごく一部でしかない。ガソリン1リットルを燃やすことで外部に出てくる熱エネルギーは、約3千万ジュール（8000キロカロリー）。一方、相対論によると、1リットルのガソリンが持つ全エネルギーは、約7京ジュール（1京は1兆の1万倍）。文字通り、桁違いである。

巨大なエネルギーがそこかしこにあるのに、人類がエネルギー不足に悩むのには、理由がある。物質内部のエネルギーはガッチリ閉じ込められていて、外に取り出すことがほとんどできない。と言うよりも、外に取り出せないように閉じ込められているからこそ、ビッグバンから百億年経った現在なお、残っているのだ。閉じ込められていないエネルギーのほとんどは、バラバラになって宇宙全域に散らばってしまい、利用しようがない。エネルギー不足が起きる訳である。

物質が持つ巨大なエネルギーのうち、大部分は、原子核と呼ばれる狭い（原子より差し渡しが10万分の1の）領域に閉じ込められている。原子核は実に頑丈で、ちょっとやそっとのことでは壊れない。有史以来、人類が利用してきたのは、原子核の周囲に薄く広がった電気エネルギーである。通常は、光合成で作られた炭化水素を酸素と反応させ熱に変えて取り出すので、どうしても、二酸化炭素のような副産物を生じる。やり方によっては、煤や窒素酸化物などの有害物質も発生する。そこで原子核に閉じ込められたエネルギーに目が向けられているのだが、なかなか思うようにいかない。

原子核は、構成要素である陽子・中性子の間に強い引力（核力）が作用して、一つにまとまっている。炭素や酸素などの比較的軽い原子核では、陽子と中性子がほぼ同数でまとまりが良い。しかし、重い原子核になると、プラスの電荷を持つ陽子同士の電気的反発力によって安定性が失われる。陽子の割合を低くすると安定性は増すが、それでもあまりに重いと壊れやすくなる。

特に、陽子92個、中性子143個、合計235個の粒子を含むウラン235の原子核は、はち切れそうなほどパンパンの状態で、ちょっと刺激を加えるだけで破裂する。刺激を与えるには、中性子をぶつければ良い（陽子は電気的な反発力で近寄れず、電子は軽すぎて衝撃が弱い）。原子核が破裂する際、通常は、大きな2つの破片に分かれる核分裂となり、同時に、内部にたくさんあった中性子のうちの数個が飛び出してくる。飛び出した中性子が再びウラン原子核にぶつかると、また破裂（核分裂）が起こって中性子が飛び出す。

こうして連鎖的に原子核の分裂が続く場合、多数の分裂片が高速で飛び散ることによって膨大なエネルギーが放出される。このエネルギーを水に吸収させると、熱せられて沸騰するので、生じた蒸気でタービンを回して発電ができる。

ウランのような重い原子核を利用すれば、内部に閉じ込められたエネルギーを取り出せるものの、深刻な欠点がある。重い原子核は、中性子の割合がかなり高い。分裂すると大部分の中性子は破片内部に残るので、分裂片の原子核は中性子の割合が通常の原子より高くなるが、それが不安定性をもたらす。中性子過剰の不安定原子核が壊れて出てくるのが、ベータ線という放射線である。核分裂が起きると、必然的に放射線を出す能力――放射能――を持った原子核が生成される。放射線は細胞を殺傷する力が強く、健康被害をもたらす。

核分裂を利用してエネルギーを取り出す場合、いかなる方法を用いようとも、放射能を持つ核分裂生成物をなくすことはできない。これは、冷却剤として水の代わりに液体金属や高温ガスを用いる新型原子炉でも、同じである。

核分裂以外の方法としては、核融合が期待されている。核融合とは、原子核同士が合体して内部エネルギーの小さい原子核に変化する現象で、その際に余ったエネルギーが外部に放出される。ただし、恒星内部ならば重力で圧縮されて自然に核融合が起きるが、人為的に合体させるのはきわめて難しい。なにしろ、きわめて高温かつ高密度の状態を、ある程度の時間にわたって維持しなければならないのだから。

高温・高密度状態を維持する方法としては、磁気を使って原子核を閉じ込める方式（主にトカマクと呼ばれる装置が利用される）と、四方八方からレーザーを照射して原子核を押し込む方式の2つが有力である。もっとも、トカマク方式は、国際協力の下で進められてきた実験炉ITERの建設が、技術的な理由で大幅に遅れている。ITERで実験してから何段階かの試作を経て実用炉を作るという計画だが、最終段階にいつ到達できるのかはっきりしない。一方、レーザー方式は、実用化に向けた歩みがトカマクよりさらに遅れている。最近、やたらと実績を喧伝して将来性があるかのごとく見せかけているが、技術的なブレイクスルーがあったわけではない。

閉じ込められたエネルギーの利用は諦めて、太陽からやってくる光や、光エネルギーが自然界で変換されて生じた風や潮流などのエネルギーを利用する方法も、実用化が進んでいる。ただし、もともとの光エネルギーが薄く広がった形で地球に降り注ぐので、これらのエネルギーも一般に密度が低い。このため、エネルギーをかき集める施設の建設費や維持費が高く付くという問題をクリアしなければならない。

人間が自分たちのために自然界のエネルギーを利用しようと試みても、メリットだけを享受するのは難しい。要するに、それ一つあればすべての望みを叶えてくれる究極のエネルギーなど存在しないということだ。長所・短所を見比べながら、その場その場で最も都合の良さそうなエネルギーを使うしかない。完璧なものを期待するのではなく、もがきながらベストな解を模索すべきだろう。

問題は、人類絶滅や文明崩壊を回避できるベストな解を見つけられるかどうかだが。

第2章

生活と科学

「コップの水が蒸発する時間」という難問

物理学者を困らせたかったら、こう質問してみるといい。「直径○センチ、高さ○センチの円筒型コップに水が○グラム入っています。温度が○℃、環境の相対湿度が○%のとき、すべて蒸発するのに何分掛かりますか」と。一見、きわめて簡単な質問で、水分子の拡散方程式を使うと解けそうに思えるが、実は、物理学的にはお手上げの難問である。なぜ解けないのか説明してくれれば良いが、「使える公式を知らない」などと逃げを打ってきたら……。

中学や高校で理科を学習すると、科学によってこんなことが判明した、こんな応用ができると、すごい面ばかりを次々と教えられる。まるで科学は万能で、自然界のすべてがわかったかのようだ。

もちろんそんなことはない。学校ではわかっていることだけを教えるので、何でも解明できたように思えるかもしれないが、現実には、わからないことの方がずっと多い。と言うか、まだほとんどが未解明の謎ばかりで、わずかでも科学で解明できたことに驚くべきである。

解明できたのは、単純なモデルが通用するケースに限られる。現実の物理現象は、大部分がその範疇に入らない。現代科学では、宇宙がいつどんな風に始まったかなら（宇宙の幾何学的構造とエネルギー分布がたまたま均一なので）解説できるのに、数日後の天気がどうなるかははっきりしない。気象観測衛星を使うことで、翌日の天気予報はかなりの精度で的中するようになったものの、3日後の予報はふつうにはずれ、1週間後となると当たらないのが当たり前だ。

「コップの水が蒸発する時間」が難問なのは、一見そう思えるほど単純な過程でないからだ。水面直上では、水蒸気は飽和しており相対湿度は100％（飽和蒸気圧の状態）だと見なせる。「水面から充分に離れると環境の湿度に等しくなる」という条件を設定すれば、湿度勾配に基づいて水分子の全体的な移動が計算できそうである。しかし、答えは求められない。

最もシンプルな仮定は、水面上方に気流のない安定した層が存在し、その内部で湿度が直線的に低下するというものである。しかし、層の厚さがわからなければ、湿度勾配は求められず拡散に基づく蒸発速度も計算できない。例外は、大気中にきわめて小さな水滴が浮遊する場合である。このケースでは水滴付近のプロセスだけが重要なので、蒸発速度が導ける。

厚さが決められないのは、そもそも安定層の厚さを一定にするような物理法則がなく、わずかな条件の違いで湿度が時間的・空間的に大きく揺らぐからである。物理学というとすぐに何らかの公式があると思いがちだが、公式が与えられるのは、安定した状態（静止状態か、一定の変化が持続する定常状態）が存在するケースに限られる。安定層が存在しないのだから、蒸発に関する公式を作ることはできない。

現実の世界では、蒸発する際に気化熱が奪われて温度が変化することもあり、必ず空気の流れが生じる。そのせいで、湿度の変動は想像以上に複雑だ。水分子が水面から整然と拡散していくのではなく、湿度が一定の面は、グニャグニャと変形し予想の付かない振舞いをする。これでは、簡単な式で表しようがない。

「工場に設置された蓋のないタンクから、揮発性液体がどのように蒸発していくか」といった実用的な課題に対しては、理論的な公式ではなく、送風機などで風速が一定の風を送ったときの蒸発速度を測定し、そのデータから近似的な式を求めるしかない。うまくいけば、実験データをもとに、蒸発速度のグラフが風速の何乗かになる指数関数で近似される。さらにうまくいけば、何乗という指数の値を説明する仮説が提案できるかもしれない。しかし、すべてを理論的に導くことは困難である。

コップからの蒸発でも難しいのだから、ましてや、びしょびしょのTシャツが何分で乾くかという問いに物理学で答えることは、絶望的だ。繊維の隙間を水が流れるときの表面張力の効果や繊維の移動など、考えなければならない要素が多すぎる。「物理学者なんだから、それくらいわかれ」と言われても、どうしようもない。

科学は、身の回りに存在する簡単な問題にも答えられない。比較的正確な解答が求められるのは、学生実験のように条件を厳しく制約するケースに限られる。

科学的な主張だからと言って、無条件で真に受けない方が良い。建物の耐震基準は、「震度6以下なら耐えられる」などと表現されることもあるが、実際には、「水平加速度がある値以下ならば重要な構造体が破損しない」という形で設計されている。縦揺れと横揺れが複雑にミックスした地震にも耐えられるか、強い揺れが2度続けて起きても大丈夫かは、必ずしも明らかではない。もっとも、大規模建築ならば何通りかの震動波形を入力するコンピュータ・シミュレーションを行うので、まったく不明というわけではないが。

これが科学の実態なのだから、「科学は万能だ」などと本気で思っている科学者など、いるわけがない。少なくとも、最先端で研究する科学者は、どんなに頑張っても科学で答えられない問題が無数にあると肌で感じている。たとえ一つの謎を解き明かしても、今度は十の新たな謎が姿を現す。十の謎を解くと、さらに百の謎が見えてきて、いつまで経っても「世界を理解できた」という境地にはたどり着けない。それ故、トップクラスの科学者は概して謙虚であり、常に自然から何かを学ぼうとしている。

賢いカラスに気を惹かれ

東京にはカラスが多い。だいぶ前、高台を歩いていたときに震度5の地震に襲われ、思わず近くの金網にしがみついたが、その瞬間、眼下の木立から50羽以上と思われるカラスが一斉に飛び立って、騒がしく鳴きながら上空を旋回した。地震より怖かった。

カラスは、生態系において「スカベンジャー」と呼ばれる地位にある。いわゆる「森の掃除屋」で、主に動物の死骸を食べて森林をきれいに保つ。都会では、森がほとんど失われ野生動物はきわめて少なくなったが、人間が排出するゴミが死骸に代わって餌となるので、ゴキブリ、ネズミ、カラスなどの〝都市型〟スカベンジャーたちがしぶとく生き残っている。スカベンジャーは概して嫌われ者だが、実際には、ゴミ管理のずさんな人間が育てているようなものだ。

特定の草や果実だけを食べる動物と異なり、スカベンジャーたちは不定期的にあちこちで出てくる餌を見つけなければならず、複雑な生存戦略が必要になる。カラスの知能が高いのは、そのせいかもしれない。

カラスは、道具を使ったり遊んでいるとしか思えない行動をしたりと、きわめて知的な動物である。中でもカレドニアガラスは、道具を〝作った〟ことで知られる。垂直に立てた円筒形の筒にフックの付いた餌入り容器を入れ、そばに針金を置いたところ、足と嘴を使って針金を曲げ、フックに引っかけて容器を釣り上げたという。道具を使う動物なら結構いるが、道具を作る動物は、ヒト、チンパンジー、ボノボ以外ではカラスくらいだろう。もっとも個体差があるようで、オス・メス2羽のカレドニアガラスを観察したオックスフォード大学チームの論文によると、メスはうまく餌を釣り上げたのにオスの方はどうしてもできず、メスが得た餌を横取りしていったとか（情けない！）。

我が家の近所に生息するハシブトガラスの場合、ふだんは単独で行動しながら、必要があれば群れになって集団行動に移る。ゴミ収集日になると、いつの間にかカラスが集まってくるが、どうも鳴き交わしによって互いに連絡し合っているようだ。

カラスは、明け方によく鳴くが、その声に耳を傾けていると、法則性が感じられる。カーァカーァとちょっと引き延ばしながら高い声で鳴くときには、たいがい別のカラスが応答して同じ鳴き方を始める。一方、低い声でアァアァと短く切って鳴く場合は、他の個体は応答せず1羽だけがずっと鳴いている。言語と言えるほど明確な意味はなさそうだが、単なるシグナル以上に思える。

欧米では、カラスが人間の言葉を発したという報告が少なくない。発話するカラスは、主にワタリガラスのような大型のカラス（英語ではravenと呼ばれ、小型のcrowと区別される）で、ポーの詩『大鴉（The Raven）』では、恋人を亡くして傷心の主人公が声を掛けると、「Nevermore（もはやない）」と意味ありげに答える。ワタリガラスは、北アメリカからユーラシア全域に広く生息するものの、日本では、冬の北海道に渡ってくるくらい。アイヌの伝説に登場する「人助けをするカラス」は、多分ワタリガラスだろう。

日本全土に広く生息するハシブトガラスやハシボソガラスも、たまに人間の言葉を真似するらしいが、残念ながら私は聞いたことがない。カラスが人語を発するのは、鳴き交わしの習性に由来するのだろう。鳴き交わしを学習しようと他の個体の発声を真似しているとき、たまたま人間の声を耳にして、結果的に人語を発するようになったのではないか。唇がなく舌の構造も人間と異なるので、ほとんどの鳥は人語を真似できないが、ワタリガラスやキュウカンチョウ、オウムは、喉の筋肉を巧みに操って人間の音声に近い鳴き声を出せる。ハシブトガラスも、もっと頑張ってほしい。

群れで行動する動物には、鳴き交わしによって何らかのコミュニケーションを行うものが少なからずいる。特に、クジラの鳴き交わしは有名だ。際だって知能が高いからと解釈する人もいるが、海中で遠くまで音が届くから目立つだけであって、クジラが別格という訳ではない（DNA解読によると、クジラはカバに近い種だとされる。クジラとカバ…言われてみれば、目元が似ているような）。

もともとバッファローのように群れで移動する習性があったウシは、放牧地から牛舎に戻るときなど一斉にモーモーと鳴き出す。のどかな光景に思えるが、移動の開始を連絡し合っているのだろう。オオカミは集団で狩りを行う際に、遠吠えによって交信する。オオカミから分岐したイヌがあまり鳴き交わしを行わないのは、人間に飼われているうちに習性が変化したせいなのか。ゾウも、集団行動の際に鳴き声を上げる。よく知られたパォーンという高い声の他、人間には聞こえない低い声も出しているとのこと。群れたり単独になったりするカラスたちは、どんな連絡をしているのだろう。

子供の頃、自然界のあらゆる現象を洞察できる博物学者に憧れていたが、学生時代に鉱物学や古生物学などいろいろな分野の専門論文に手を出し、必要な予備知識の膨大さに意欲を削がれた。動物行動学も憧れだけで終わった分野の一つだが、せめてカラスを観察しながら、いろいろな想像に耽ってみたい。

ふと見ると、ベランダの手摺りにハシブトガラスがとまり、こちらを窺っている。「Nevermore」とでも言いたげに。

月に魅せられてもいい3つの謎

空を見上げるのが好きだ。町歩きするとき、昼は雲を夜は天体をよく見ている（そのせいで側溝に落ちたことも）。UFOなら十回近く目撃した。ただし、宇宙人の乗り物らしきものはなかった。

都会の夜は光害で星が見えにくいが、それでもたまさかの天体ショーには心和む。中でも月は愛すべき観察対象で、日没後まもない頃、細い二日月と宵の明星、少し離れて妙に明るい木星が、地平線上の雲の切れ間に巨大な三角形を描くさまを目にしたときには、心底ゾクゾクした。

月について考えを巡らせるのも楽しい。科学は日常生活と無縁だと思われるかもしれないが、そんなことはない。月の見かけのような日々当たり前に目にするものでも、科学的な観点で考えると新たな発見がある。ここでは、月の見かけに関する3つの謎を紹介しよう。私自身、月を見ながら考え込み、答えが出たり出なかったりしたものだ。

1. 昼間の月はなぜ白い

夜の月は黄色いのに、昼間には白っぽく見える。その理由は、恒星の性質と色の知覚の双方に関わる。

月は、太陽の光を反射して輝く。地学の教科書でお馴染みのＨＲ（ヘルツシュプルング－ラッセル）図上で主系列にある恒星の場合、天体質量に応じて核融合で発生するエネルギーが決まり、その値によって放射の強度や色が定まる。太陽のようなＧ型主系列星は、黄色みを帯びた白に近い光を放つ。

色の知覚をもたらすのは、網膜に存在する光受容タンパク質の構造変化である。人間を含む霊長類には3種類の光受容タンパク質が備わっており、光が照射されると、タンパク質ごとに異なる波長の光子（光の粒子）を吸収して立体構造を大きく変え、視神経を刺激する。どの光受容タンパク質が変形するかに応じて、赤・緑・青の3色いずれかの知覚が生じるが、これが3原色の起源である。

太陽や夜の月が黄色っぽく見えるのは、その光が主に、赤と緑の色覚をもたらす光受容タンパク質の構造変化を引き起こすからである。この2つからの神経興奮が同時に大脳視覚野に伝えられると、黄色として認知される。

ところが、昼間になると、月からの反射光だけが目に入るのではない。大気中では、太陽光に含まれる青の成分が散乱され、その結果として空全面が青く見える。このとき月に目をやると、反射光とともに青の光が目に入ってくる。赤・緑・青の光受容タンパク質が同時に構造変化を起こすので、3原色が混じったときに生じる白の知覚が感じられるのである。

2. 地平線の月はなぜ大きい

昼間の月が白い理由は、科学的に明確に説明できるが、地平線の月は少々謎が深い。その理由は、大きさの知覚に複雑な情報処理が関与しているからだ。

リビングに置かれるテレビの平均的な大きさは、昭和の14型（縦：横が3：4で横28センチ）から令和の40型（縦：横＝9：16、横88センチ）へと巨大化した。私は値段の安さにつられて小さなテレビを購入、近くで見れば同じだと思ったのだが、残念なことに、網膜像のサイズがほぼ同じであっても、離して見た大型テレビより〝小さく〟見えた。どうやら、小型テレビを近づけて見るとき、左右の目における視覚像の差異（両眼視差）を基に対象までの距離を判定した脳が、「大きく見えるけれども実際には小さい」という信号を発するらしい。

物体までの距離と網膜像の大きさという異種の情報を統合して処理する仕組みは、われわれの祖先にとって生きる上で重要だったのだろう。ちらりと見えた熊が小さな子熊か大きな成獣かを瞬時に判断できなければ、食われるかもしれないのだから（白一色の北極では距離感が混乱し、小動物かと思ったらシロクマだったということが起きるとか）。

かなり遠方にある物体に関しても、距離感が大きさの判定に重要な役割を果たす。高層ビルから見下ろしたとき、たかだか百メートルの距離でも地面にいる人々が蟻のように小さく感じられることがある。人間を横から見たときには、無意識のうちに既知のデータと比較され、たとえ小さく見えても実際にはふつうサイズのはずだと情報を補正する。しかし、人を頭上から見る経験はあまりないので補正が行われず、網膜像そのままに「小さな人」に見えるのだろう。

月の場合も似たようなケースだと思われる。天頂近くにあるときは、周囲に何もないので距離感が得られず、大きさについての判定も曖昧だ。しかし、遥かに伸びた道路の先にあるビル群の、さらに向こう側に月が見えたとき、これはずいぶん遠くにあるとわかる。遠距離なのにあの大きさに見えるとは、実際の月はかなり大きいと脳が判定するようだ。これが、天頂の月よりも大きく見える理由だろう。

3．月と太陽は見かけの大きさがなぜ同じ

月と太陽が重なって起きる日食には、月が完全に太陽を隠す皆既日食と、太陽の縁がはみ出して見える金環日食がある。私は皆既日食を体験したことはないが、2012年の金環日食は見た。空が雲に覆われていたにもかかわらず、日食グラスを通すと雲の彼方にある金環がはっきりと見え、意想外にパワフルな太陽光に感動した。

皆既日食と金環日食がどちらも起きるのは、月と太陽の見かけの大きさがほぼ等しいせいだ。幾何学的には、実際の直径も地球からの距離も、太陽は月の約400倍だからと説明されるが、なぜどちらも400倍なのか？　どうも、まったくの偶然でしかないようだ。

そもそも、月は異様に巨大な衛星で、直径が3500キロ近くと地球の約4分の1もある。水星や金星に観測可能な衛星はなく、火星の2つの衛星も差し渡し10〜20キロ程度。木星や土星には巨大な衛星があり、太陽系最大の衛星である木星のガニメデは、月どころか水星よりも巨大だ。しかし、木星との直径比では4パーセント足らずしかなく、惑星と比べたときの大きさでは、月は太陽系最大である。

地球の月がこれほど巨大な理由は、形成過程にある。月は、原始地球ができて間もなく、別の原始惑星と衝突して散らばった破片が、衛星軌道上で集まって形成されたと考えられる（ジャイアント・インパクト説）。このとき、太陽からの重力はあまり影響を及ぼさないことがわかっており、視直径が太陽と等しくなるように破片が凝集するメカニズムはない。とすると、月と太陽の見かけの大きさは、偶然同じになったとしか考えようがない。

偶然の産物かもしれないが、皆既日食や金環日食のような出来事は、人類の感性に対してさまざまな影響を及ぼしてきた。何とも貴重な偶然である。

ひらめきは休息の後に

難しい問題を前に、徹夜して考えに考え、ついに素晴らしい解決に到達した——そんな体験をしたことはない。考えすぎると、大抵はつまらない結論に飛びついてしまう。特に、夜更かしして考え続けた場合がそうだ。良いアイデアは、あまり頭を使っていないときに、ふと思いつく。

こうした傾向は、脳の仕組みによって説明できる。脳には繊維状の神経細胞が数多く存在しており、シナプスを介して相互に接続し信号を伝達する。特定のシナプス接続が強化されると、同じパターンの神経興奮が起きやすくなり、記憶の形成につながる。シナプス接続の強化が生じるメカニズムにはいくつかの種類があるが、短時間のうちに同じ刺激が続いた結果として起きるシナプス接続の強化は「促通」と呼ばれ、短期記憶の端緒となる。簡単に言えば、同じことをずっと考えていると、決まった思考パターンにとらわれてしまうのである(ちょっと簡単に言い過ぎたが)。

何度考えても同じ結論に達するのだから、これが「正解」のはずだ——そう考えるときがいちばん危険だ。単に、促通によってシナプス接続が強化され、同じパターンでしか考えられなくなった結果かもしれない。その結論に従って行動に移す前に、ちょっと頭を冷やした方が良い。いったん神経細胞の興奮を抑制し、シナプス接続の強度を元に戻してからもう一度考えるのが、長期的に見れば得策である。

変な強化さえしなければ、人間の脳は、あちこち寄り道し行ったり来たりしながら、どこへともなくフラフラとさまよう。与えられたアルゴリズムに従ってカスケード的に（一本道で）機能するコンピュータとはまったく異なる、融通無碍な動きだ。こうした寄り道が、思考の柔軟性を支えている。


思考に寄り道が多いのは、人間の脳が、いろんなパーツの組み合わせとして構成されているからだろう。感覚器官で捉えられた外界の情報は、前処理された上で、視覚情報は後頭葉の視覚野へというように大脳新皮質の異なる部位に送られる。いったんバラバラに処理された感覚情報は、それぞれの部位から頭頂葉などに送られて他の情報と連合される。体を動かすときには、前頭葉運動野で形成された制御指令が、身体各部に向けて出力される。運動野は、身体のどこをどんな具合に動かすかに応じて、担当する部位が異なる。

脳が機能的に分化したさまざまな部位から構成されるため、人間の思考は、各部位からの情報が複雑に組み合わされることで形成される。これが、ＡＩ（人工知能）とは異なる人間の強みである。ＡＩは、中枢神経のネットワークを模倣している場合でも、入力から出力に至る処理手順はカスケード的である。一方、人間は、これから何かをしようとするとき、別々の情報に基づくシミュレーションを何度も繰り返し、その内容を比較照合しながら、最終的に何をするかを（主に無意識的な過程を通じて）選び取る。ふつうのＡＩは、こうした複合的な処理は行わない。ＳＦの世界では、国家を管理する中央コンピュータが少しずつ性質の異なる複数のマシンから構成され、その合議で最終決定を行うという設定がしばしば用いられるが、人間の脳は、こうした合議を自然に行う仕組みが、進化を通じて備わっている。

ＡＩが人間の知性を越える「シンギュラリティ」の到来を心配する人がいる。しかし、深層学習やらニューラルネットやらの既存技術をどんなにバージョンアップしても、人智を超えるＡＩを作れる可能性などない。心配なのは、ＡＩのことをよく知らない人が、怪しげなご託宣を真に受けてしまうリスクである。人間は、脳の部位という性質の異なる複数のハードウェアを、さらに別のハードウェアがコントロールするという重層構造によって、結論の妥当性を担保している。

ただし、考えすぎによって特定のシナプスが興奮しやすくなったときには、こうした重層構造のメリットが充分に生かされない。だからこそ、脳を休息させることが重要になる。

最も効果的な休息は、おそらく睡眠である。私は毎日10時間くらい寝るようにしている。眠っているのはその半分ちょっとだが、それでも、充分に睡眠をとった方が、脳はよく働いてくれる。面白いアイデアは、覚醒してから2、3時間の間に思いつくことが多い。夜中にふと目覚めた際にアイデアが閃くことがあるので、枕元にメモ帳を用意してある（もっとも、朝起きてみると、ミミズがのたくったような字でメモがまったく読めないこともあるが）。

文章を執筆するときは、まずキーボードから離れて、音楽を聴いたり動画を見たりして脳を休めながら、少しずつ思いを巡らせる。ある程度思いつきが溜まる（「考えがまとまる」ではない）と、20〜30分掛けて、あまり深く考えないまま、思いついた内容をズラズラと書き連ねていく。その後で、書き殴った内容をもとに、無駄な部分を大幅に削ぎ落としたりロジックがスムーズになるように段落を入れ替えたりしながら、時間を掛けて文章を整える。完成原稿は、実際に書いた量の3分の1以下に絞られる。

こうしたやり方は、いろいろと模索するうちに、経験的に良さそうなものを選び取った結果だが、少なくとも、私の脳にはフィットしている。

9999回の見過ごし

学生時代、図書館で勉強している最中にふと時計（長針と短針が回る機械式のアナログ時計）に目をやると、針が1本しかない。一瞬驚いたものの、長針と短針がたまたま重なっていただけだと気がついた。長針と短針は1時間に1回重なるが、長針は刻々と動いているので、針が1本に見える時間は30秒もない。60分のうちの30秒なので、時計を見たとき偶然に針が重なっている確率は、１２０分の1程度のはずである。

ところが、何日か経つうちに、針が1本に見える頻度がそれよりずっと高いと感じ始めた。どうも、20回かそこら時計を見やると、そのうち1回は針が重なっているようなのだ。

カラクリがわかるまでに、少々日にちが掛かった。実は、ほとんど意識せずノート脇の時計にチラチラ目を向けており、たまたま針が1本しか見えないと、「何か変だ」という思いが意識に上ったのだ。針が重なっていないときには、時計を見やったことが明瞭に意識されないまま、大半が忘れ去られていたのである。

「あり得ないことは起きないが、ありそうもないことは結構起きる」——それが偽らざる実感だ。ありそうもないことが起き《なかった》としても、ほとんど意識にひっかからずに見過ごされる。そのせいで、たまにありそうもないことが起きると、まるで確率の法則に反した出来事のように感じてしまう。「こんなことが起きるのは1万回に1度しかない。それが起きたのだから、奇跡としか言い様がない」などと驚いたりするが、その前に、「起きなかった」ケースを999回見過ごしていないか、考えるべきだろう。

アメリカの人気漫画『シンプソンズ』には、現実で就任する十年以上前にドナルド・トランプが大統領として登場する場面が描かれており、未来を予知したと評判になった。だが、ボブ・ホープなどのコメディアンが大統領になるギャグは昔から繰り返しネタとして利用され、それらがことごとく実現しなかったことを思い出してほしい。

単なる偶然の一致とは思えないような出来事が起きたとき、素朴に驚くよりも、まず一致が起きなかったケースについて考えてみるのが、科学的な発想法というものだ。

例として、「大きな地震が起きる前に、動物たちが騒ぐ」という都市伝説（だと思う）を取り上げてみよう。地震が起きると、その少し前にペットや家畜、動物園の猛獣が普段見せないような動きをしたという話が、SNSなどに報告される。

科学的に説明が付くのは、動物がP波を感知したケースである。震源が離れた地震の場合、主要動となるS波の前に初期微動のP波が到達するが、ゆっさゆっさと大きく揺れるS波に比べてP波は小刻みな振動なので、立っている人は感じにくい。地面に体を密着させている動物の方が、人間よりも先にP波を感じて、騒ぎ出すことはあり得る。ただし、主要動との時間差は数秒からせいぜい十数秒程度であり、何分も前から動物たちが騒ぐことはない。

地震の（数秒よりもっと）前に動物たちが騒ぐという話はよく聞くものの、地震と結びつけられる原因は思いつかない。巨大地震の場合、岩盤が破壊される前に圧電気（圧力によって誘起される電気）が発生する可能性はあるが、動物が騒ぐほどの電磁現象が起きるとは考えにくい。それよりも、単なる偶然と片付けた方が良さそうである。

偶然だと考えられる理由は、動物が大した理由もないのに騒ぐことが、少なくないからだ。イヌを飼っていると、年に1度くらいは、理由もなく吠えたりうろついたりする。犬笛のような人間には聞こえない高周波を耳にしたからとか、不審な匂いが漂ってきた、寄生虫などの病気が引き金になった――などの推測は可能だが、原因はわからないままで終わることが多い。これがイヌの一般的な習性だとすると、地震が起きる日に偶然騒ぐ頻度が推定できる。

現在、日本では、イヌが700万匹ほど飼われている。イヌの飼育頭数は年々減り続けており、10年前には900万匹だったので、過去の報告事例を考える際には、人口の1割弱のイヌがいると想定するのが良さそうだ。つまり、百万人が感じる規模の地震が起きた地域の場合、周辺に十万匹近いイヌがいる。これらのイヌが理由もなく年に1度騒ぐとすると、確率的には1日当たり2～3百匹のイヌが騒ぐはずだ。地震がなければ、よくあることと忘れ去られるが、地震が起きて神経質になっている場合は、「そう言えば近所の犬がやたらに吠えていた」などと気にすることもあり得る。都市伝説は、こうして誕生するのだろうか。

地震の前に動物が騒いでいたと数多くの報告があっても、科学者たちはあまり真剣に調査しようとしない。これを、旧弊な発想にとらわれていると思わないでほしい。動物が騒ぐ頻度を暗算で推定することなど、少し科学的素養のある人には容易なのだから。もし、動物が地震を予知できるか本気で調べたいのならば、マウスなどの飼育ケージをカメラで常時監視し続け、地震が起きた日と起きなかった日でマウスの行動パターンに変化があるかどうか、統計を取る必要がある。

偶然の一致でないと科学的に検証するのは、かなり面倒なのである。

人類史において画期的な年

全世界で共通に使える暦を作れないか、考えたことがある。現在、世界的に広く使われているのはグレゴリオ暦だが、異なる暦を採用する民族も少なくない。南中時刻が異なるので日にちが半日ほどずれるのはしかたないにしても、年や月くらいは宗教色のない標準暦にした方が便利だと思ったのだが、調べてみると、文化的な制約が大きく統一は困難だとわかってきた。

まず、太陽暦と太陰暦の対立がある。太陽暦では、恒星に対する太陽の動きをもとに1年を365日（何年かに一度うるう日を挿入）とする。一方、月の満ち欠けの周期を基準とする太陰暦の場合、12ヶ月は354日ちょっととなる。この11日ほどのズレを調整する方法に関しては、うるう月を挿入するか否かなど、民族ごとに独自の考え方がある。

日本のように、比較的高緯度の農耕文化圏にいると、つい太陽を中心に考えるのが当たり前だと思ってしまう。しかし、低緯度で遊牧生活を送る民族の場合、季節の移り変わりよりも月明かりの方が気になるだろう。また、海洋民族にとっては、潮の満ち干と連動する月の動きが重要になる。いずれも、月の満ち欠けが即座にわかる太陰暦の方が、生きる上で役立つ。

年の始まりをいつにするかも問題だ。農耕地域では、農閑期となる冬に起点を置くのが一般的で、中国・韓国など東アジア圏で用いられる旧暦では、グレゴリオ暦の1月下旬から2月上旬に旧正月が設定される。

グレゴリオ暦で1年の起点とされたのは、冬至の祭りである。高緯度地方に住む人々にとって、冬が深まるにつれて太陽高度が低く夜が長くなっていくことは、永遠の冬が訪れるかのようで、心底恐ろしかったろう。冬至を過ぎると少しずつ昼が伸び、人々はようやく安堵の思いをしたに違いない。この「太陽の復活」を祝う冬至の祭りが中世ヨーロッパでキリスト教に取り入れられ、クリスマス（キリストのミサ）を行う日に定められた。いまでは、クリスマス休暇を1週間ほど設け、1月2日が仕事始めというのが、キリスト教国の慣習になっている。

もっとも、灼熱の太陽が苦痛の種である赤道地帯では、冬至の祭りを祝う理由がなく、この時期に休暇があってもあまり意味がない。

ちなみに、1日の長さは太陽が天を一周する周期なので万国共通だが、1日がいつ始まるかは、民族によって違いがある。人工照明が普及する前の庶民生活では、日の出とともに労働を始めるのが一般的だったので、多くの人々は日の出をもって1日の始まりとした。ただし、民族によっては、主に宗教的な理由によって、日の入りを始まりとすることもある。

日の出・日の入りの時刻は季節によって変わるので、公式の暦では、天文観測に基づいて季節変化のない起点を設定する。日常的には、真夜中（基準地点で太陽が南中する時刻の12時間後に当たる「正子（しょうし）」）に日付を変えるが、夜間に観測を行う天文学者は、昼の正午に日付を変える天文時を愛用していた。イギリスが海運大国として世界に君臨していた時期には、グリニッジ天文台で定められる時間が標準時とされたため、現在でもその名残で、日常時と天文時を折衷し午前と午後を別々の12時間として扱う時間区分が、広く使われている。

暦に関して文化圏による違いが最もはっきり現れるのが、暦そのものの始まり、いわゆる紀元である。古代の暦は、君主が交代するたびに新たな年号が設定されるケースがあったが、現在では数少ない（公的に採用されているのは、日本の元号だけらしい）。一般的なのは、反無限に続く紀年法で、グレゴリオ暦、イスラム暦、仏暦のように宗教に起源があるものが多い。

万国共通の暦を作るには、宗教色・政治色のないものを選ぶべきだろう。暦の起点として妥当なのは、すべての地球人にとって画期的とされる年である。

しかし、人類史上の大事件で起きた年が持定できるものは、ほとんどない。直立歩行の開始、言語の獲得、出アフリカなどは、長期にわたって少しずつ進行した出来事だ。死者の埋葬に際して最初に花を手向けた年がわかると嬉しいのだが、無論それも不明。シュメール人が人類最古の都市国家を建設したのは、紀元前3000年以前としかわからない。たとえ、同位体測定法や木材の年輪などを使って古代遺跡の年代が決定され、それに基づいて文明発祥紀元を定めたとしても、その後の発掘調査によって、より古い遺跡が見つかるかもしれない。

文明のあり方を左右する技術が開発された年があれば、暦の起点にふさわしい。しかし、印刷・電信・インターネット程度では、言語や火の使用に匹敵する画期的事件とは言えないだろう。もしAIが驚異的な進化を遂げ、人類を支配するようにでもなれば、その年がAI紀元の元年となるだろうが、そんな歴史は御免被りたい。

天文学的・地球物理学的な事件を、暦の起点にすることも考えられる。人類に大きな影響を与えた比較的最近の出来事には、最終氷期の終わりがあるが、約1万年前としか言えない。

超新星については、2000年ほど前から中国などで観測記録が残されている。1006年におおかみ座に現れた超新星は、有史以来最も明るかったようで、中国のみならずヨーロッパやエジプトの記録にも残っている。天文学者による詳細な記録としては、ティコの星（1572）やケプラーの星（1604）などがある。

そのほかにも、ハレー彗星の接近（確実性の高い最古の記録は紀元前240年）、太陽黒点が減少したマウンダー極小期（1645～1715年、世界的な寒冷化の原因とされる）、観測史上最大と言われるインドネシア・タンボラ山の噴火（1815年）、有史以来最大の隕石落下・ツングースカ大爆発（1908年）などがある。ただし、いずれも暦の起点にするほどのインパクトはなかった。

もっとも、恐竜を絶滅させた6600万年前の小惑星衝突に匹敵する天変地異が起きていたら、人類の文明が維持されたかどうか怪しい。アニメ『新世紀エヴァンゲリオン』で描かれたセカンド・インパクトのような災厄がなかったことを喜ぶべきだろう。

神秘の物質・水

水というありふれた物質が実に謎めいていることに、どれだけの人が気がついているだろうか。例えば、少量の水は摩擦を増す。紙をめくるとき、指を湿らせるとめくりやすい。しかし、大量の水は摩擦を減らす。雨が降ると自動車がスリップしやすくなるのは、タイヤと路面の間に水膜ができて摩擦力が弱くなるからだ。なぜ、同じ水なのに、摩擦を増したり減らしたりするのだろう？

こうした特徴は、水分子の構造に由来する。水素－酸素－水素と3つの原子が並んだ水分子は、真ん中の酸素のところで折れ曲がった「く」の字形をしている。酸素付近にはマイナスの電荷を持った電子が集まり、水素付近は電子が欠乏してプラスの電荷を帯びるため、電気的にプラスとマイナスの極に分離した分子構造となる。この構造が、摩擦をはじめ、水の特徴的な性質をもたらす。

指に湿り気を与えた場合、水分子が指紋などの襞の隙間に入り込む。その状態で紙をめくろうとすると、水分子が皮膚や紙と接触する部分で電気的な引力が働き、全体として摩擦力を生み出す。

ただし、水分子同士を結びつける電気的な引力は、結晶を固体化する力などと比べると遥かに弱い。このため、水分子が大量に集まると互いに引き留めることができず、ちょっとした力で滑ってしまう。濡れた路面でタイヤがスリップする原因である。

水分子がプラスとマイナスの極を持つことは、生命にとって重要な意味を持つ。水温が氷点以下になると、熱運動が弱まって水分子同士が結合しやすくなり、氷の結晶が作られる。このとき、プラスとマイナスは引き合うけれども、プラス同士・マイナス同士は離れようとするため、内部に隙間のある結晶構造となる。液体のときよりも結晶の方が隙間が多いため、水に比べて氷の方が密度が小さい。

水の温度が氷点に近づくと、部分的に結晶化が始まり、密度が下がって浮かび上がる。池などが氷結する冬季に、まず表面から凍り始める理由である。よほど寒くない限り底まで凍結することはないので、池の生物は底深く潜って冬を乗り切ることができる。こうして多くの水生生物が、生きながらえた。

水中における化学反応に際しても、水分子の特性は大きな役割を果たす。塩化ナトリウムなどの結晶(イオン結晶)が水に溶けるのは、水分子が電荷を持つイオンを取り囲んで電気的な引力を弱め、結晶構造を壊すからである。また、細胞膜のような膜構造が形成されるのは、脂質分子が、水分子と電気的に引き合う親水基と反発し合う疎水基という2つの部分から構成されるため、疎水基が水から遠ざかるように内側に集まる二重層となるからだ。

電荷が分離した液体が多量にあることは、惑星上で生命が繁栄するために必須の条件である。生命にとってかくもありがたい水が豊富に存在し地球は、まさに奇跡の星と言えそうだが、実は、必ずしも不思議な出来事ではない。

世界に存在する物質は、すべて宇宙で作られた。まず、ビッグバンの際にエネルギーを獲得した場から陽子と電子が生まれ、陽子の周囲に電子が存在する水素原子が形成される。その後、宇宙空間や恒星内部での核融合によって、陽子と（陽子が関与する素粒子反応で作られた）中性子が合体して、さまざまな原子核が生まれる。

初期宇宙に生まれたのが、陽子2個と中性子1〜2個が結合したヘリウム。この組み合わせがきわめて安定なのに対して、陽子を3個以上含むと不安定になりやすく、陽子を3〜5個含む原子核の多くは、すぐに壊れてヘリウムや水素に戻ってしまう。

宇宙空間での存在比が高いのは、主に恒星中心部における核融合で生成された原子核、特に、陽子が6個の炭素、7個の窒素、8個の酸素である。中でも、陽子8個・中性子8個から構成される酸素原子核は安定性が高く、多量に存在する。陽子が9個以上になると、重くなるほど存在比が減る傾向にある。

ヘリウムは安定すぎて化学反応をほとんど起こさないため、生命現象に関与するのは、主に水素、炭素、窒素、酸素である（地球上の生物では、他に、リンやイオウ、鉄などが利用される）。1個の炭素／窒素／酸素原子に何個かの水素原子が結合した分子には、メタン（炭素に水素4個）、アンモニア（窒素に水素3個）、水（酸素に水素2個）などがある。このうち、メタンは、水素原子が炭素を取り囲む正四面体の頂点で安定するため、どの方向にも同じように電荷が分布し、プラスとマイナスの分離が起きない。液体のメタンが大量に存在する天体は太陽系にもいくつかあるが、生命の発生はかなり難しいと思われる。しかし、水素の個数にはいくつものバリエーションがあるので、電荷分布に偏りのない方がむしろ珍しい。アンモニアと水は、水素の位置に偏りがあって電荷が分離する。

恒星の周囲で形成された惑星系では、水素の他に恒星の核融合で作られる酸素の存在比が高く、両者が結合した水分子は、もともとどの惑星にも豊富に存在していた。恒星に近すぎると蒸発して宇宙空間に散逸し、遠すぎると氷結して惑星中心部の核となるため、それだけならば惑星表面の海はできにくい。しかし、巨大惑星になれなかった小惑星の内部には、含水鉱物（水酸基などを含む鉱物）の形で水分がかなり含まれている。

日本の探査機「はやぶさ2」が小惑星「りゅうぐう」に接触して岩石を集めた目的の一つは、小惑星に水が含まれることを確認することである。実際、地球に持ち帰った岩石からは、含水鉱物のみならず、岩石の隙間に閉じ込められた液体の水も検出された。

おそらく、太陽系が形成された初期の段階で、太陽の引力に引っ張られて内側に軌道を変えた小惑星が次々と地球に衝突し、大量の水をもたらしたのだろう。海王星より外側にあるオールトの雲から彗星が飛来して、水を持ち込んだ可能性もある。地球だけではない。重力が小さいため現在までに大部分が飛散してしまったが、火星にも昔は液体の水が存在していた証拠がある。太陽系以外でも、水が豊富にある惑星は少なくないだろう。

海は、化学反応に関与し細胞膜の形成を可能にすることで、生命を育む。ただし、奇跡の産物ではない。多くの惑星上に、電荷の分離した分子から構成される海が存在することは、科学的に説明できるのである。

期待されすぎの技術

新しい技術には、さまざまな期待が集まるが、当然のことだろう。技術開発によって社会問題が解消されるケースは、少なくない。安価で軽く容量の大きい蓄電池が完成すれば、伸び悩んでいる電気自動車の普及に拍車が掛かり、大気汚染の軽減につながる。海水中のバクテリアによって分解されるプラスチックや、来たるべきパンデミックに備えるワクチンなども、待ち望まれている。

しかし、ときには期待が大きすぎて、トラブルを引き起こすこともある。特に、国家的な重大問題を解決する可能性があるものの、技術の中身があまりに高度で専門家以外に理解できなくなると、ときに悲喜劇とも言えるような事態が生じる。生成AIや量子コンピュータ、核融合を巡る騒動は、その好例と言えよう。

生成AIに関しては、期待が先行するあまり、バブルと言える状況になったようだ。プロ棋士よりも強いソフトウェア「アルファ碁」の登場以来、多くの人が知るところになったAI（人工知能）。ニューラルネットと深層学習を組み合わせてパターンマッチングを行う技術で、特定分野に限定すれば有用性はきわめて高い。ドローンで撮影された巨大建築物の外壁写真から、これまで崩落を起こしたヒビ割れのパターンと一致する部分を探し出すといった、明確な目標が設定された課題には見事に対処できる。アルファ碁も、盤面の状況を勝敗が判明している棋譜のパターンと比較することで、最も勝率が高くなるような「次の一手」を導き出せる。

ただし、あくまでパターンを識別するための道具であって、それ以上の能力はない。ちなみに人間は、パターン認識だけでなく、異なるハードウェア（脳の部位）を使い分けながらシミュレーションするなど、多くの手段を駆使して思考を行っている。

最近、何かと話題になる生成AIとは、パターン認識に関する技術を言語に適用することで、文章を生み出せるようにしたAIである（データを適切に変換できれば、画像や音声の生成も可能）。出力方針を決定するプロンプトを入力すると、膨大な言語データの中からプロンプトと共通部分を持つ文章を探し出し、使用頻度などを基に適宜組み合わせて出力する。決して、何かを考えて返答するわけではない。

生成AIがブームになったのは、米OpenAI社が2022年にチャットGPTを公開してから。チャットの「チャ」はペチャクチャの「チャ」と同じで、軽いおしゃべりというニュアンスがある。チャットGPTという製品名から推測するに、おそらくOpenAI社は、正確性など気にせず楽しく〝会話もどき〟をするマシンを目標としたのだろう。私のように1980年代からパソコンをいじっている人間は、かつての「人工無脳」を思い出してしまう。

ところが、多くの文献を使って学習させたところ、チャットGPTの返答は、あたかも何かを考えているかのごとく、かなり正確で内容が豊かになった。このことが知れ渡り、多くの人がチャットGPTに注目し始める。人間の知的労働を置き換える能力を持つと主張する（やや早とちりな）人も現れたほどである。もしそんなAIが本当に作れるならば、産業構造は激変し、波に乗った企業は大もうけできるはずだ。そんな思い込みから、生成AI関連の企業には莫大な資金が流れ込んだ。ただし、これは過大な期待である

生成AIが役に立つケースもある。膨大な文献を使って学習しているので、アイデア出しには便利だ。「夏の清涼飲料にふさわしいキャッチコピー」を要求すると、五十でも百でも候補を出してくれる（その大半は使い物にならないが）。ビジネスメールの書き方がわからないとき、似た内容のメールをもとに下書きを作らせれば、流用できる部分が少なくない。情報の検索に使う場合、内容を深掘りするのには向かないが、〝拡散型〟の検索には有用である。「学園祭でたこ焼きの屋台を出すには」と質問すれば、たこ焼きの材料や調理器具、屋台の貸し出し、必要な申請などについて、蕩々と語る。ただし、間違いも多いので、改めて確認しなければならない。

生成AIがごく当たり前のように間違った回答をすることは、当初から問題視されていた。しばしば「ハルシネーション（幻覚）」などという小洒落た表現が用いられるが、「知ったかぶり」というピッタリの日本語があるので、こちらを使ってほしい。基本的に

は、「専門的な」「最近の」ないし「プライベートな」話題に関しては、学習に使える文献が少ないせいで、知ったかぶりの答えがびっくりするほど多くなる。

Googleによる検索の場合、他のサイトから張られたリンクの多さが信頼度を判定する基準となっているが、生成ＡＩに正確さを担保するためのアルゴリズムがあるとは思えない。真実を伝える報道よりもフェイクニュースの方がずっと多く流通しているとき、どんな結果を出力するのやら、懸念は尽きない。

翻訳や要約ならば使えると言われるが、あまり信用してはならない。ダラダラした訓話などは生成ＡＩで要約し、後で「社長！　あの喩え話はおもしろかったですねぇ」などとおべんちゃらを言っても問題は生じないだろうが、論理的にきちんと練り上げられた文章を要約させると、どこがキモか理解できないので、逆にわかりにくい内容になることも。契約書のような重要書類を要約させるのは禁物。他の文献では見られない珍しい条項があったりすると、軽く無視されかねない。

現在、ＡＩの大手企業は、ＡＧＩ（汎用人工知能）の開発に向かっているとされる。経営者の中には、あと何年かで実現できると豪語する者もいるが、多分ブラフだろう。そう口にするだけで何十億ドルもの金が動くのだから、ブラフの一つも言いたくなるというものだ。ＡＧＩを実現するためには、現在の技術水準を大幅に超える必要があるのに、そんなイノベーションが起きそうだという話は耳にしない。そもそも、現在使われているニューラルネットや深層学習は、1950〜60年代に提案されたアイデアをボリュームアップし、強化学習など小手先の技術改良を付け加えたにすぎない。AGIなど、あと百年先の話だという声もある。

生成AIブームに示されるように、技術の中身を大して理解しないまま投資が集中すると、かなり危うい事態になる。完成すればとてつもない能力を発揮する（らしい）量子コンピュータや、エネルギー問題を一気に解決するかもしれない核融合に関しても、膨らみすぎた期待に惑わされているのではないか。

技術投資には夢が必要かもしれないが、あまりに壮大な夢を見ていると、悪夢に転じかねない。

第3章

科学と科学者

入り口が時代遅れでは……

私はめったに医者に掛からないが、たまに体調不良でなじみの医者の元を訪れると、つくづく思う。最も高度な医療知識を必要とするのは、町の開業医だと。

町の開業医は、プライマリ・ケアを担当する。関係なさそうな症状まであれこれ訴えたり、これまでの病歴や服薬したことを隠す患者も、ふつうに診察しなければならない。鋭い観察眼と膨大な知識を持ち、緊急性の有無を見極めながら、必要とあらば特定疾患の専門医を紹介することが求められる。同じタイプの手術ばかり何百例と繰り返していれば、それなりに技量が磨かれ「神の手を持つ」名医になれるかもしれないが、どんな患者が飛び込んでくるかわからないプライマリ・ケアは、そう簡単ではない。多岐にわたる経験と能動的な勉学を通じて、自分を高めていかなければならない。

考えてみれば、物理学という巨大な学問体系を志す若い学生にも、プライマリ・ケアが必要だろう。物理現象はきわめて多彩で複雑だが、物理学には、その全体を貫く論理的な軸がある。自分が何を知らないかもはっきり自覚していない入門者に対して、全体像を俯瞰できる立場から進むべき方向性を教えられるのは、最も高度な知識を身につけた物理学者のはずである。専門に限定されないさまざまな分野を学び、技術的応用を含む多くの経験を積むことによって、はじめて入門段階の学生を指導するにふさわしい人材となる。

しかし、現在の大学では、そんな指導ができる教育者はあまり見当たらず、プライマリ・ケアに相当する教育が行われているとは言い難い。

アカデミックな機関で働く物理学者は、大体が特定の専門分野を深く研究することに専念する。言い方は悪いが、バケツリレーのメンバーのように、少し前の研究者が出した成果をわずかに発展させて、次代の学者に受け渡す仕事に徹している。自分の専門分野以外は、学生の頃に勉強した教科書の内容に、学会講演などで耳にした知識を少し加えた程度のことしか知らない。これでは、初心者に対して効果的な教育ができない。

理工系の学部学生に現代物理の入門講座を行う場合、相対論や量子論を紹介することが多い。ここで光速不変性やボーア模型などを使って重要公式を導こうとすると、とたんに学生は鼻白んでしまう。私の経験では、式を導くより先に結論だけを紹介した方が、聴き手の関心を引き出せる。

一般相対論の場合、等価原理を使えば、数式なしに多くの現象が説明できる。等加速度運動する観測者が後方を見ると、ある地点の先からは光すら自分のところまで達することができない。等価原理に基づいて、加速度による慣性力を重力に置き換えると、この現象は、充分に広い範囲にわたって強い重力が存在するとき、「事象の地平面」が形成されることを意味する。地平面の向こう側では、光を含めたすべての物質が自分から遠ざかっていく。こうした地平面が天体を取り囲んだのが、ブラックホールである。近年、ブラックホールの写真が撮影されるなどさまざまなデータが集まってきており、これらを紹介することは、相対論に関する興味を呼び覚ますだろう。

学生が等価原理になじんだところで、加速系のドップラー効果が重力赤方偏移と等価であることを利用すれば、重力による時間の伸縮を説明できる。この伸縮現象は、あらゆる場所に固有の時間が存在することを意味しており、そこから、時間は流れておらず、時間と空間が一体化して時空を構成することが導き出せる。ミンコフスキ幾何学や光速不変性のような特殊相対論の話題は、その後で取り上げれば良い。

量子論の入門書には、相対論以上に、過去の遺物とも言える古くさい内容が見受けられる。学生から質問されたとき適切に対応しないと、とんでもない誤解を生みかねない。遺物の例を列挙しよう。

1.「相補性原理」は、過去の遺物である。

ボーアは、波動性と粒子性が排他的だという相補性原理を主張したが、これは誤りである。半導体表面に薄膜を形成する技術が進歩したおかげで、膜内部を移動する電子が、膜に平行な方向では粒子的に、垂直な方向では波動的になることが知られている。

2.「観測理論」は、過去の遺物である。

昔の本には、量子論的な物理状態を確定するのに人間の観測が必要だとする観測理論が紹介されていたが、現在、この理論の支持者はわずかだ（具体的な理論は、1970～80年代に整備された）。超伝導のマイスナー効果のように観衆の面前で実演できる「目に見える量子効果」が数多く見いだされる一方、素粒子実験のように、人間が介在せずに自動でデータを収集しているケースもある。素粒子論に登場するヒッグス機構（ビッグバン直後に宇宙が状態変化を起こすメカニズム）は、観測者なしに状態が確定する実例となる。

3.「シュレディンガーの猫」は、過去の遺物である。

巨視的に区別されるはずの生死の状態が、「生かつ死」の重ね合わせになって持続するという「シュレディンガーの猫」は、量子論の不思議さを体現する例としてしばしば引用されるものの、もはや専門家がまともに取り上げるテーマではない。シュレディンガーが想定したのは、放射性崩壊の有無が生死の分かれ目となるケースである。ところが、ある時刻で起きる放射性崩壊の過程は、別の時刻で起きる過程と決して干渉し合わないので、すべて独立した個別状態であり重ね合わせにはならない。

量子論的な重ね合わせの問題は、しばしば入門者を混乱させるが、担当する教員は、そうならないように常に具体例を提示すべきである。現在、重ね合わせを利用する量子コンピュータの開発競争が進行中であり、旬の話題として教材にうってつけである。その素子として期待されているＳＱＵＩＤ（超伝導量子干渉素子）は、超伝導状態にある電子が全体として波動性を強く示すことを利用し、（リング状の素子ならば右回りと左回りのように）異なる状態を重ね合わせることで並列計算を可能にする。この重ね合わせ状態は、ちょうどバスタブの水を左右に掻き混ぜると、右向きの波と左向きの波が重なり合って定在波になるのと同じく、現実に形成される状態である。ただし、わずかなノイズで乱されるため、実用的な計算を遂行できるように安定して持続させるのは、かなり難しい。最先端の量子デバイスを用いても重ね合わせの維持が難しいのだから、まして、生きた猫と死んだ猫が同時に重なって存在することなどあり得ない。

学生に物理の入門的な内容を教える場合、最先端の応用について知っており、学生から質問が出ても余裕を持って答えられる教員が望ましい。しかし、バケツリレーのメンバーを育てることに汲々としている現状では、こうした教員は希少である。

医学分野では、プライマリ・ケアを担当する専門医を養成する動きが見られるという。同じように、最先端の話題までカバーする一般物理学の専門家も、物理学教育の枠内で養成すべきではないだろうか。

科学者はなぜオカルト嫌い？

科学者には、オカルト嫌いが多い。心霊や魔術などスピリチュアル系の話になると、曖昧な笑みを浮かべて話題を変えようとする。具体的な体験談を持ち出しても、耳を貸そうとしない。オカルト嫌いなのにSF好きの科学者は（私を含めて）多いのだから、「科学に裏付けされない話は無視」というスタンスでもない。

そもそもオカルトとは何かと言うと、ラテン語で「隠されたもの」を意味する「オカルタ」に由来する。天文学では、月などの天体が他の星を隠すことをオカルテーションと呼ぶ。日常で用いる場合、表面的には謎めいた説明の付かない現象でありながら、その背後に明確な原理が存在するケースが想定される。近代以前には、電磁気現象や催眠術などもオカルトの範疇に入るとされた。現在「オカルト」と呼ばれるのは、背後にある原理が、合理的な世界観とは相容れない神秘主義的な場合に限られる。

例えば、20世紀初頭にエジプトでツタンカーメンの墓が考古学者ハワード・カーターによって発見されたとき、その6週間後にスポンサーのカーナボン卿が死亡するなど、関係者の訃報が相次いだ。この奇怪な現象を引き起こした原因として、墓荒らしに対する「ファラオの呪い」を想定するのが、オカルト的発想である。

科学者がオカルトを嫌うのは、その説明から議論を広げる方法が見いだせないからだろう。死後に人を呪い殺せるのなら、それ以外にもいろいろとできそうだが、何ができて何ができないか、そう考えを進めたくなるのが科学者の性《さが》である。呪いはファラオだけにできるのか、だとするとファラオは一般人とどこが違うのか、呪いの能力は遺伝するのか、効力に限界はあるのか。疑問は次々と湧いてくるものの、答えを探索できそうなデータが見つからない。

　科学とは、論争を繰り返しながら進歩する学問である。科学的な論争の場合、相手を頭ごなしに非難したり揚げ足を取ったりすることはない。「仮にあなたの説が正しいとすると、こんな現象が観測されるはずですが、その報告はありません」といった議論を行う。つまり、相手の主張を「A（あなたの説が正しい）ならばB（ある現象が観測される）である」という命題として明確にした上で、これと等価な対偶命題「BでないならばAでない」を使って、Bでないことを根拠にAを反証するのである。現実の論争では、立論に穴があったり観測データが充分に集まっていなかったりして、決定的な反証にならないことも多いが、こうしたやり取りが、水掛け論ではない科学的な論争である。

　「ファラオの呪い」のようなオカルト的な説明に対しては、「仮にファラオの呪いが事実だとすると他に何が起きるか」といったロジカルな立論ができないので、科学的な論争が成り立たない。科学を前進させるための基本的な方法論が適用できないのだから、科学者が乗り気になれないのも無理からぬことである。

それでは、王墓の発掘関係者が次々死亡した出来事に対して、より科学的な説明は可能なのか。「玄室内部に未知のバクテリアが棲息しており、入った人が感染した」というのが、一つの説明法である。この仮説で説明がつくかどうかは、死亡原因を調べればわかる。ツタンカーメンの場合、感染症の死者が多いのは20世紀初頭なので当たり前として、それ以外にも、火災や自殺などさまざまなケースがあり、未知のバクテリアによる感染症とは考えにくい。神経系に作用する毒物によって異常行動が引き起こされたと仮定しても、死亡原因がばらつく理由が説明できない。

「科学でも説明が付かないじゃないか」と言いたくなるかもしれないが、この迂遠な論法が科学の特徴である。いろいろな仮説を考案しては、その大部分を潰していくというやり方で、ゆっくりと、しかし確実に議論を前進させる。

現在主流の説は、王墓発掘の関係者が相次いで死んだように見えるのは「単なる偶然」というものだ。関係者と言っても、マスコミで報じられた中には、発掘チームの知人や家族が含まれており、数字が水増しされている。発見のすぐ後に亡くなったカーナボン卿にしても、発掘前から病気を患っていた。発掘関係者の死亡率が高いように感じられるのは、死者が出るたびにマスコミが大々的に報じたからである。当時の平均寿命からすると、死亡年齢が特に若い訳ではなく、不慮の死とは言えない。

科学者がオカルト嫌いなのは、科学的方法論に基づく論争ができないからだが、SF好きが多いのはなぜか。SFの場合、現実にはあり得ないような設定が少なくない。アマチュア発明家がタイムマシンを作ってしまったり、周囲に気づかれることのないまま宇宙人が人間社会に馴染んでいたり。しかし、こうした設定を文学的前提として受け入れさえすれば、その後の展開はかなり合理的で科学者の趣味に合う。

H.G.ウェルズの『透明人間』は、飲み薬で透明になれるという非科学的な設定から始まるが、それ以降は、そんな薬があるという前提の下で、透明人間に対して社会はどのように反応するかを巡る、骨太のドラマが繰り広げられた。SFとは、科学小説（サイエンス・フィクション）と言うよりも、思弁小説（スペキュレイティブ・フィクション）だということが納得できる。

要するに、科学者という連中は、話をロジカルに組み立てていくのが好きなのである。

ニュートンを駆り立てたもの

科学者はどんな思索の道筋をたどって、発見にたどり着くのだろうか？　発想のきっかけまで論文に書き込んだアインシュタインみたいな変わり者もいるが、多くの科学者は、結論だけをすっきりまとめようとする。特に、頭の回転が速い天才タイプはそうだ。

古典力学を大成したニュートンの場合も、運動方程式をどのようにして導いたか、主著『プリンキピア』に記されているわけではない。ただし、『プリンキピア』の書きっぷりには少し違和感を覚えるところがあり、そこがニュートンの発想法を解き明かす手がかりになりそうだ。具体的には、慣性の法則を説明するのに、物体そのものが持つ「固有の力（vis insita）」によって一定の速度を保つという言い方をしたこと。そして、物体同士の衝突といったイメージしやすい議論をほとんどせず、当時の実験技術では検証が難しい流体の運動を、『プリンキピア』第2部でやけに詳しく論じたことである。

思うに、力学の基礎について思索を進めていたニュートンは、デカルトの主張に相当イラついていたのだろう。

17世紀当時、力の釣り合いを論じる静力学に関しては、テコの原理やアルキメデスの原理などが広く知られており、それなりに理解が深まっていた。ところが、運動物体を対象とする動力学は、現在からすると意外なほど未熟だった。ニュートンが8歳の時に世を去っていたヨーロッパ哲学界の大御所デカルトは、数学についてかなりの知識がありながら、動力学に関しては数式をあまり用いず、厳密性に欠ける観念的な議論に終始した。

例えば、運動する物体はインペトゥスと呼ばれる一種の〝活力〟を持っており、他の物体と衝突したとき、これを相手に受け渡すと考えた。好意的に解釈すれば、後の運動量(質量と速度の積として定義される物理量)のアイデアを先取りしたとも言えるが、それにしては、インペトゥスが保存される条件など具体的な考察が不十分である。

デカルトの発想法がはっきりと現れるのが、惑星運動に関する議論である。地動説がすでに認知されていた時代、なぜ惑星が公転するか説明しようとして、太陽の周囲にはエーテルと呼ばれる媒質が渦巻いており、その渦動に流されるようにして惑星が太陽の周りを回ると論じた。エーテルの存在を裏付ける証拠がないにもかかわらず。

こうした観念的な論法に反発したのが、ニュートンである。彼は、数式を用いた厳密な議論を構築しようとした。このとき、導きの糸となったのが、デカルトより一世代前のガリレオのやり方だろう。

近代物理学の先駆者であるガリレオは、自由落下する物体(落体)の運動を調べるために、17世紀前半としては異例なほど精密な実験を試みた。当時は時計の精度が低く、実験に使えたのは、管を伝って滴下した水量で時間を計る水時計だけだった。これでは、1メートル落ちるのに0・5秒も掛からない自由落下について、満足できるデータが得られない。そこで考案したのが、球体が斜面を転がり落ちる実験である。斜面を緩やかにすれば充分にゆっくりした運動になり、時計の不正確さに起因する誤差を相対的に小さくできる。さらに、比重の大きいブロンズをほとんどゆがみのない球体に加工し、斜面を磨き上げて可能な限り滑らかにした。その結果、データのばらつきが減少し、初速ゼロから転がしたときの速度が運動時間に比例するという法則が得られた。

こうした実験上の工夫は、単に正確なデータが得られるというだけでなく、「摩擦や空気抵抗の影響を取り除けば、物理現象は単純な数式に従う」という見方につながる。世界に複雑な現象があふれているのは、空気を含む多くの物が関与しているからであり、外部からの影響を排除して特定の物体の運動に限ると、その法則はシンプルな数式で表される——これこそ、ガリレオが見いだした近代物理学の基本的な自然観である。

ニュートンは、こうしたガリレオの方法論に強い影響を受けつつ、同時に、ガリレオがあまり考慮しなかったケプラーの法則と結びつけた。ケプラーは、火星の公転運動に関して面積速度一定の法則を見いだしたが、この法則は、まさに運動の変化と時間の関係を単純な数式で表したものである。ガリレオは、空気抵抗や摩擦などの影響を極限まで取り除いて、はじめて運動法則が単純な数式で表されると考えた。ところが、惑星運動の場合、人間の手が加わらない自然の状態で単純な数式に従っている。とすると、宇宙空間に抵抗や摩擦をもたらす媒質は存在しないはずだ。こうして、デカルトの惑星運動論における根本的な誤りを確信するに至ったのではないか。

『プリンキピア』の第2部で流体の運動を論じたのも、デカルトの謬説を反駁することが最大の目的だったろう。もし惑星運動がエーテルの流れによって生じるのならば、ケプラーの法則は成り立たないはずだという主張である。

さらに、落下運動と惑星運動を結びつけたことは、2つの運動が同じ原因で生じるという発想につながった。どちらも、周囲の物体を天体の中心に引き寄せる「力」が作用したという見方である。それまで力として学界で認められていたのは、物体同士がぶつかったときの衝撃力と、流体から物体に作用する圧力だけだったが、ニュートンは、地上付近で物体を下に向かわせる「重さ」も「重力」という力の作用だと考えたのである。

「慣性の法則」を説明するのに「固有の力」という表現を用いたのは、一見、デカルトが提唱したインペトゥスの考えに近いように思える。だが、運動を変化させる衝撃力・圧力・(重力のような)向心力は、「固有の力」とは別の「外部から作用する力(vis impressa)」だと論じており、両者に本質的な違いがあることを明確にしている。活力(=固有の力)が衝突に際して受け渡されるというデカルト流の観念的動力学をあからさまに否定し、相互作用による数学的な運動理論を構想したのだ。

地上付近では、重さ（重力）は物質の量（質量）に比例するので、重力を質量で割った値が一定になる。一方、ガリレオが見いだした落体の法則によれば、重力だけを受けて落下する物体の加速度も一定になる。おそらく、ここでニュートンはインスピレーションを得たのだろう。力を質量で割った値が一定のとき加速度が一定になるのは、一定でない場合でも両者が等しいという法則の特殊なケースだと。運動方程式は、こうした発想に基づいて得られたのではないか。

デカルトに敵愾心を燃やしガリレオの方法論を尊重したことが、ニュートンを運動方程式に導いたのである。

マクスウェルの本心を掘り起こす

量子力学が登場する以前の近代ヨーロッパで最も偉大な物理学者と言えば、まずはニュートンとアインシュタインの名が挙がるだろう。では、もう一人と言われたときに誰を選ぶか？　私なら躊躇なくマクスウェルを指名する。電磁気学と統計力学という重要な分野が確立される過程で、決定的な役割を果たしたのだから。

ただし、その人となりを語るのは、かなり難しい。伝記の類いは少なく、大学で物理学を勉強したことのない人には、名前すら知られていない。もっとも「マクスウェルの悪魔」という用語だけは、ＳＦやファンタジーで使われることもあって、かなり有名だが。

科学者の人物像は、論文や著書の書きっぷりから、ある程度読み取ることができるが、マクスウェルは手強い。論文のほとんどがきわめて専門的で、しかも、19世紀半ばの物理学と数学に基づいているため、内容を把握するだけでも一苦労だ。何とか読解できたとしても、議論の大半は数式の変換を淡々と記すだけで、著者本人の世界観や科学観がわかりやすく書かれているわけではない。

論文にあまりにも多くの数式が現れるので、彼のことを数学が得意な（だけの）数理科学者と誤解する人もあるが、そうではない。数式が多いのは、細部まできちんと説明しようとする真面目さの現れだ。彼自身は厄介な計算にうんざりしていたようで、電場と磁場の各成分をすべて別々の記号で表すやり方を何とか簡略化できないか、気にしていた。

マクスウェルは、一時期、四元数にはまったことがある。複素数が実部と虚部の2つの実数を組み合わせた二元数であるのに対し、四元数は4つの実数を組み合わせた数で、数学者のハミルトンが考案した。これを使えば、電場と磁場の式が簡潔に表記できると思ったようだが、あまり実用的ではなかった。実際に必要だったのは、相対論に基づいて時間成分と空間成分を統合する4次元ベクトルであり、四元数による統一表記の夢は潰える。


マクスウェルの思考は、決して数式に縛られていたわけではない。そのことを窺わせる記述が、電磁場の概念を確立した論文「物理的力線について」（1862）に現れる。

この論文では、磁場のモデルとして、閉じた渦糸（ダイバーやイルカが作るバブルリングのようなもの）が形成された媒質を提案している。電気と磁気の相互作用は、この渦糸の周囲で電気的な粒子が転がって生じるという内容で、電磁気現象を力学的に説明しようとする古くさい議論だなと思って読み進めていると、結論と題された箇条書きの中でこんな文章が出てきてびっくりする。「（渦糸と電気的粒子という考え方は）少しぎこちなく思えるかもしれない。私がこれを提示するのは、自然界に実在するものと結びつけるためではないし、電気についての仮説として喜んで賛同するのでもない」［*］。モデル自体は、あくまで暫定的なものとされる。では何のために提案したのかというと、現象の正しい解釈を追求する際に助けになるからだという。

しばしば純然たる理論家と思われるマクスウェルは、実際には手ずから装置を製作することもあった実験家で、晩年は、キャヴェンディッシュ研究所の実験施設を作るために奔走した。物理学の研究を行う際には、実験を通じて感得した現象の実態を思い起こしながら、数式を用いた計算や力学的モデルをベースにしたイメージと結びつけて、考えを推し進めたと思われる。当時は電磁気現象の詳細がわかっていなかったので、あらゆる方向から推論を極め、論文を読んだ人が全体像を再構成できるように気を遣ったのだろう。

真面目に推論を積み重ねるやり方は、ときに誤解されかねない。エーテルに関する議論がまさにそれで、本人はエーテルが物質的な存在だという見解に懐疑的だったようだが、だからといって、非物質的な何かだと宣言することはしない。あくまで、もし物質だったらどんな性質を持っているかを考え、実験や観測で得られたデータを元に、その密度や弾性率を推定してみる。その結果が従来の物質とは全く異なることを指摘したものの、それ以上の議論はあえて避ける。表面だけ見ると、エーテルを物質として扱う古い物理学者と思えるが、そうではあるまい。頭ごなしに特定の見解を押し付けるのではなく、可能な限り徹底的に考え抜き、実直に問題点を掘り起こそうとしたのだろう。それが彼の流儀なのだ。

マクスウェルには、少数ながら専門家以外に向けた著作もある。特に有名なのが、ブリタニカ百科事典第9版（1875）に掲載された解説記事で、中でも「原子」「引力」

「エーテル」の項目がよく知られている。既知の話題をそつなくまとめるのではなく、読者にも考えてもらおうとする姿勢が窺える。

「原子」の項目では、連続的に思えるものが小さな構成要素の集まりであることを説明するのに、土木技師とミミズの比喩を使う。鉄道用トンネルを建設する技師にとって、土砂の量は連続的なものとして数値化されるが、土の中を進んでいるミミズから見ると、砂粒は容易に動かせない巨大な塊である。要するに、巨視的なスケールでは均一に見えるが決して連続的ではないものがあると読者に納得させたいらしい。この比喩が読者の理解を助けたかはちょっと微妙だが、マクスウェルが、アインシュタインと同じくヒューリスティックな（類推などを活用して新たな見方を得ようとする）発想法を重んじ、生き生きとしたイメージを使って現象を考察したことがわかる。

同じ項目には、生物の発生についての言及もある。当時の顕微鏡では生物の胚に明確な構造が見いだされなかったが、マクスウェルは、分子レベルで構造化がされていると予想した。さらに、エネルギーを拡散に向かわせる傾向性（エントロピー増大則）を阻止し逆行させるメカニズムがあるはずだと推測したが、これは、現在の量子化学につながる卓見である。単なる数理科学者ではない、スケールの大きな自然哲学者である。

[＊] 'On Physical Lines of Force'; "THE SCIENTIFIC PAPERS OF JAMES CLERK MAXWELL" (Edited by W.D.NIVEN, DOVER PUBLICATIONS) p.451

計算の苦手な物理学者でも

理論物理学の研究を行うためには、高度な計算能力が要求されると思われるかもしれない。確かに、工学系よりは難しい計算をこなさなければならないが、それでも傑出した能力が必要不可欠という訳ではない。学部学生の頃に、面白くもない物理数学をかなり勉強させられたのに、そのうち役に立ったのは、積分変換の手法など一部にすぎなかった。ベッセル関数のような特殊関数はとりあえず学んでみたものの、結局、自分で計算せず公式集を見るだけで済んだ。

物理の研究では、与えられた数式を元にガンガン計算することが重要とは限らない。「これが解ければ大発見間違いなし」なんて方程式があれば、数学の得意な人たちが寄ってたかって首を突っこみ、あっという間に成果を上げてしまう。物理学者に求められるのは、どの数式が重要かを判断するセンスである。

1930年代末、オッペンハイマーが（今で言うところの）ブラックホールの研究に着手したが、その計算はとてつもなく難しかった。理論の考案者であるアインシュタイン自身が計算ミスを犯し、「ブラックホールは存在できない」と結論する論文を発表したほどである。そこでオッペンハイマーが行ったのが、本質を見失わないようにしながら議論を簡略化することだった。彼は、天体の重力崩壊を考えるに当たって、「自転していない」「圧力が無視できる」などの条件を置いた。

「圧力が無視できる」という仮定は行き過ぎに思えるかもしれないが、巨大な質量を持つ天体が自重を支えきれずに収縮を始めると、重力の方が圧力よりも大きな割合で増加するので、天体の最期を調べるのに悪い近似ではない。また、アインシュタインを誤らせた原因は、収縮する際の角運動量の見積もりにあったので、自転を無視したのは賢明だった。

この大胆な仮定によって必要な計算が大幅に少なくなり、遂行可能になった。その結果、天体が収縮しながら「事象の地平面」の向こう側に消えていくという劇的な過程を明らかにできたのである。自転や圧力の効果を取り入れる作業は、後に数学の得意な人たちがやってくれた。

それにしても、オッペンハイマーがブラックホールの研究を続けていれば、この分野の進歩は20年くらい早まったはずだと思う。残念ながら、マンハッタン計画に駆り出され原爆開発を指導したせいで、理論物理学者としてのキャリアを棒に振ることになる。

ホーキングによるブラックホールの蒸発についての研究も、一般相対論の方程式を愚直にいじって達成したものではない。当時、ブラックホール周辺でいかなる量子論的な現象が起きるか、まったくわかっていなかった。ホーキングが行ったのは、相対論を用いずに求められた量子論の公式に、「強い重力による時空のゆがみ」という相対論特有の項を持ち込む強引な計算だった。正当かどうかわからないまま計算を続け、ブラックホールからごく微弱なエネルギー放射が行われるという驚くべき結果が導かれたのである。

こうした計算手法を用いたのは、ホーキングが、ブラックホールの熱力学を作ろうという確固たる目標を持っていたからだ。そのために必要なのがゆがんだ時空内部での放射だと見通しは付いたが、そんな理論はまだ存在しない。そこで、既存の理論を継ぎ接ぎしながら、形式を整えていったのである。卓越した数学の能力も必要だが、それだけではなく、新たな理論を作るための俯瞰的なイメージがあり、進むべき道が見えていたからこそ、先に進むことができた。

このほかにも、ディラックが開発した4成分の場による相対論的電子論や、ケン・ウィルソンが結晶のイメージに基づいて作ったくりこみ群など、20世紀理論物理学における偉大な業績の多くは、与えられた式をひたすら計算し続けた成果ではない。大胆な簡略化や他分野における方法論の援用によって、成し遂げられたのである。全体像を洞察し、この道を進めば正解に到達できると確信したからこそ、あの手この手を繰り出して計算を続けるモチベーションが得られたのだろう。

理論物理学の入門段階では、基礎的な式があらかじめ与えられており、それを元に過去の議論を再構成するのが一般的なやり方である。このため、数学が得意でないと入門すらできないと誤解する人もいるようだ。しかし、革新的な研究で最も重要なのは、本質的でない部分を捨象して全体をイメージする洞察力である。物理学界周辺には計算の得意な数理科学者が大勢いるので、面倒な計算は彼らに任せれば良い。

難解な数学に足を取られて理論に入り込めない学生のために、計算が不得手な物理学者は決して稀ではないと言っておこう。

現在、偏微分方程式は物理学の問題を解くための必須のツールだが、大学で履修科目になったのは20世紀に入ってから。19世紀の時点では、偏微分を駆使したマクスウェルの理論は専門の物理学者にも難しかった。力学の教科書で知られるマッハも、偏微分方程式やベクトル解析には苦労していた。彼の研究室には、大量の計算用紙が残されているが、私が見せてもらったページでは、流体力学の偏微分方程式を解く途中で変数を取り違えており、答えが合わずに悩んだようだ。

面白いのは、ベクトル解析の計算である。マッハは、ベクトル場におけるガウスの定理などが理解できず、3次元空間のままでは難しいので次元数を2に減らし、さらに、積分路を簡単な形にしてようやくわかったらしい。「(ドイツ語で)2次元なら簡単!」と記されていて、思わず微笑んでしまった。

私自身、あまりに難しい計算にとまどい、次元数を減らしてみたことがある。ディラックの相対論的電子論は物理的な意味が理解できず、時間1次元・空間1次元の2次元で考えたところ、4成分の場が2成分になり、反粒子が存在するメカニズムが納得できた。ペンローズ－ホーキングによるブラックホールの特異点定理も、そのままでは難しすぎるので、1次元の等加速度運動から着手してみたら、地平面の彼方で何が起きるか具体的に示され、すっきりした。また、経路積分の勉強では、ファインマンが提案した「あらゆる可能な経路」ではなく「一つのパラメータで表される経路」に限定して調べるうちに、何となく物理的な意味がわかってきた。

ディラックやホーキングら天才たちには洞察力だけで全体像が見えていたのだろうが、私のような凡人には、そうたやすく結論を見通すことができない。次元数を減らしたり思い切り簡単なモデルに置き換えたりして、ようやくイメージが湧いて先に進むことができた。要するに、凡人には凡人なりのやり方があるのだ。

計算が難しくてとても自分に物理学はわからないと思う前に、問題を簡単にする方法を考えてみるのも一つの手段である。

相対論の正しさを実感する方法

世の中には、「反相対論」を掲げる人たちがいる。私のところにも、「相対論のここが間違っている」と謳った論文が何度も送られてきた。

私は、相対論（特に、電磁気学を対象とする特殊相対論）に対して露ほども疑いを抱いていないが、それは、以前にはどうしても理解できなかったさまざまの謎が、相対論を使うとすっきり説明できるからである。例えば、なぜ世界には電気と磁気という、形式的によく似ているのに大きさが全く異なる2種類の相互作用があるのか。その理由は、相対論を用いることで、はじめて心底納得できる。こうした「腑に落ちる」体験をすることが、相対論を受け入れる際に重要なのだろう。

これは推測だが、相対論嫌いの人は、教科書の類いで相対論を勉強しようとして、ドツボにはまったのではなかろうか。世に流通している凡庸な教科書では、冒頭で「どの観測者から見ても光速は一定」などと訳のわからない光速不変性を天下り的に設定し、そこから常識に反する結論を引き出して、これが科学的事実だなどと主張する。はっきり言うが、相対論を学ぶ際には、「光速不変性」を原理と思わないでほしい。相対論を提唱した論文でアインシュタインが主張したのは、「光源が運動しても光速は変化しない」ことであって、観測者の運動を問題としたのではない。

では、なぜ多くの教科書で光速不変性が原理とされるのか？　波動方程式を使わなくて済むからだろう。物理学者にとって、波動方程式はごく初歩的な式である。光は波であり波動方程式に従うと仮定すれば、そこから自動的に光速が一定だと導けるので、わかりやすい…波動方程式の知識があれば。だが、相対論の勉強を始めようとする入門者にとって、波動方程式は敷居が高い。

多くの物理学者は、一般の人が理論物理学になじめないのは数式が難しいせいだと考えている。できるだけ数式を少なくした方がわかってもらえると信じて、波動方程式を使わず光速不変性から話を始める。この不変性さえ前提とすれば、初等的な式変形だけで特殊相対論の主要な公式が導けるからだ。

しかし、私の経験からすると、「数式を減らした方が受け入れられる」という考えは誤っている。どんなに数式が少なかろうと、自分の直観に反する前提は容認できない。光速不変性が原理だと言った瞬間に、多くの入門者は不信感を抱いてしまう。

相対論を勉強する際に出発点とすべきは、電磁気学の相対性原理だ。相対性原理とは、運動に絶対的な基準はないという原理である。

例えば、コイルに棒磁石を挿入して誘導起電力を生じさせる場合、コイルを止めて棒磁石を動かしても、棒磁石を止めてコイルを動かしても、相対速度が同じならば等しい誘導起電力が生じる。これは、高校物理で習う、よく知られた性質である。だが、なぜ起電力が等しくなるのか？

さらに言えば、地球は太陽の周りを秒速30キロで動いているのに、その動きが誘導起電力にまったく影響を及ぼさないのはなぜか？　誘導起電力だけではない。電磁気学や力学のあらゆる現象、さらには、核分裂や素粒子反応まで含めて、地球の公転は物理法則に影響を及ぼさないように見える。

アインシュタインの答えはこうである――「動いているか止まっているかを決定する絶対的な基準は、存在しない。それが、物理世界の原理なのだ」。

古代ならば、大地が静止の基準だと主張できた。大地に対して運動すると摩擦が生じ、いつかは動きが止まる。その変化を見れば、動いているか止まっているかがわかる。だが、現代人は、宇宙ステーションの映像などから、重力が作用しないとすべてがフワフワと浮かび、いつまでも漂い続けることを知っている。周囲に何もない漆黒の宇宙空間に放り出されたとき、自分が動いているか止まっているか、どうしてわかるのか。決してわからないというのが相対性原理である。

フレミングの左手の法則など動きに関わる電磁気の法則に、相対性原理を当てはめてみよう。磁場だけが存在する地点で電荷が運動していると、フレミングの左手の法則に従って、磁場から電荷に力が加わる。しかし、電荷と同じ速度で運動する観測者から見ると、電荷は止まっているのだから、磁場からの力は存在しない。相対性原理を仮定して、この場合でも電磁気の法則がそのまま成り立つとするならば、電荷が力を受ける以上、そこには磁場だけではなく電場も存在するはずだ。

これが、相対論的な電磁気学の出発点である。電場と磁場は別個のものではなく、電磁場と呼ばれる単一の場が存在しており、見方によって（4次元時空のリアリティを認めるならば〝見る角度〟によって）、その一部が磁場に見えたり電場に見えたりする。

ここからは数学的な議論が必要になるが、大雑把に言えば、電気と磁気に見られる差異は、時間と空間の違いによって説明できる。電気と磁気は、電磁ポテンシャルという統一的な量から導かれ、両者を区別するのは、導く際に使われるのが、時間方向の変化か空間方向の変化かである。身の回りで電気と磁気の大きさがまったく異なるのは、生命が活動するために物質が安定しなければならないという条件があり、そのせいで、時間方向の変化が極端に小さくなるからなのだ。

表記がシンプルになるように整理すると、19世紀に多くの物理学者が煩雑さを嘆いたマクスウェルの方程式が、たった1行の式にまとめられる。

この事実が理解できたとき、私は、「相対論は正しい」と確信した。

物理学的には、相対性原理のエビデンスとなる実験がいくつもある。その中で最もパワフルなのが、電子の〝反粒子〟（陽電子と呼ばれる）が存在することだろう。粒子と衝突すると〝対消滅〟してエネルギー放射となってしまう反粒子の存在は、ディラックが電子に関する量子論の式を相対論に適合するように書き換えるまで、想像すらできなかった。その数年後に発見された陽電子は、ディラックが予言した通り、質量と電荷の大きさが電子と完全に一致した。そんなことは、相対論を前提としなければあり得ない。これ以外にも、電子の異常磁気能率や素粒子の反応パターンなど、相対論以外から決して導けないような実験事実は数多い。

しかし、相対論の正当性を実感させるのは、実験的なデータよりも「腑に落ちた」という感覚である。プロの物理学者なら誰しも、そう感じた瞬間があったのではないか。それが、ディラックの陽電子論を勉強したときか、フレミングの左手の法則が簡単に導けたときか、あるいは、GPSの補正の仕組みを教わったときか、人によって違いはあるだろうが、そうした瞬間を体験することで、相対論が正しいという信念が生まれるのである。

原論文から浮かび上がるもの

高校生だった時のこと。物理の教科書に、プランクの量子仮説とアインシュタインの光量子論が並んで載っていたが、いくら読んでも両者がどのような関係にあるかよくわからない。プランクの仮説では、物体を熱したときに放出される光のエネルギーが、振動数に比例する要素の集まりだとされる。現代の記法に従って、比例係数をプランク定数h、振動数をギリシャ文字のνで表すと、放出されるエネルギーは$h\nu$の整数倍になるという主張である。だが、これは、振動数νの光は$h\nu$というエネルギーの塊が集まったものだとする光量子論と、どこが違うのか。

かなり後になってプランクの原論文（量子仮説を発表した翌年の第2論文）を読み、ようやく話の流れがわかった。プランクは、$h\nu$を単位としてエネルギーをやり取りする振動体が、原子内部に存在すると仮定したのである。これに対して、アインシュタインは、エネルギーが$h\nu$を単位とするのは電磁場の特性だと考えたわけで、物理学的には、こちらの方が正しかった。

教科書は、科学の歴史を一方向的に進む知識の拡大としてまとめがちである。しかし、原論文を読むと、科学者一人ひとりは何度も誤りを犯し、思うように解明できない謎の中でさまよっていたことがわかる。情報をコンパクトに吸収することが目標なら、教科書的なまとめも必要だろうが、科学的思考法を身につけるためには、原論文を読んでみることをお勧めする。整理された歴史とはまったく異なる、人間的な営みを見いだせるからだ。大物理学者とされる人でも、無数の誤りを犯す。なぜ彼らは誤り、それが誤りだと批判されたときにどう対応したか？　その経緯を見ていくと、科学がどのように進展していくかが浮かび上がる。

原論文が面白い物理学者の筆頭が、アインシュタインである。彼は、学生時代に怠けすぎたせいで研究者として大学に残れず、正規の指導を受けられなかったためか、論文のスタイルがアマチュアっぽい。自分はこんな間違いをしたとか、こういう思いつきから理論を作ったといった、他の物理学者があまり表沙汰にしたがらない内容まで書き込んでいる。特に重力に関する論文は、一人で間違え一人で克服する過程がそのまま残されているので、興味津々だ。

一般相対論として大成される重力研究にアインシュタインが着手したのは１９０７年頃で、その時点では、等価原理に基づいて求めた時間の伸縮（計量テンソルの00成分に相当する部分）だけに注目していた。時間の伸縮が光速に変化をもたらすことから、しばらくの間、場所によって変動する光速をスカラー場の強度と見なす、いわゆるスカラー重力理論を追求する。

スカラー重力理論の最大の成果が、天体の重力によって光が屈折するという発見である。

1911年に発表された論文は、スカラー重力という誤った発想に基づいており、屈折角が正しい値の半分になっていたため、あまり引用されないけれども、質量のない光がなぜ重力で曲げられるかわかりやすく説明されており、是非読んでほしい。

アインシュタインは当初、時間と空間が幾何学的に統合されるというミンコフスキのアイデアに対して、懐疑的だった。だが、光の屈折を論じた頃から、スカラー場では重力の謎を充分に解明できないため、空間の伸縮も考慮する必要があると気がついたらしい。そのためにガウスの曲面論に基づく時間と空間の幾何学を構想するが、数学的に難しすぎて手が出ず、大学で同僚になった旧友の数学者グロスマンに相談し、ようやくリーマン幾何学に行き着いた。

この頃はあまり論文を書いていないが、多くの手紙やコメントが残されており、リーマン幾何学を知るまでのどこかあやふやな内容と、知ってからの自信に満ちあふれた筆致の違いに、つい微笑んでしまう。

グロスマンとの共同研究で一般相対論の形式が完成した後も、あまりにややこしい数学に悩まされ、しばしば誤った内容の論文を執筆した。その中で特に興味深いのが、1917年に発表した宇宙模型の論文。宇宙には中心があるという当初の思いつきが間違っていたと告白するところから始まり、宇宙は全体として均質だという（正しい）アイデアと、宇宙は時間変化をしないという（誤った）アイデアを組み合わせて、宇宙模型を作り上げた。結果的には間違った模型だったが、後にフリードマンやルメートルが理論を展開するための足がかりとなった。

原論文を読むことで物理学者の内心を窺うことができるケースは、他にもいろいろある。シュレディンガーが1927年に発表した論文では、前年に展開した波動一元論（物理世界は波動関数だけで完全に記述できるという立場）の主張を撤回するとき、いかにも渋々書いているという感じが行間からにじみ出る。核分裂の発見を報告したとされるハーンの論文では、強固な塊と思っていた原子核が真っ二つに割れるとは信じられないようで、末尾でその可能性をためらいがちに短く記しただけだった。どちらも、著者の本音がだだ漏れになっており、読んでいて楽しい（我ながら意地悪だが）。

科学者のノブレス・オブリージュ

ノーベル物理学賞と言えば、かつては、日常生活とはほとんど無縁の高踏的な業績に授与されるといったイメージがあった。日本（出身）の物理学者で言えば、湯川秀樹の中間子論（1949年受賞）、朝永振一郎のくりこみ理論（1965年）、南部陽一郎の自発的対称性の破れ（2008年）などは、ふつうの人にとって理解の埒外であり、難解で深遠で役に立たない理論だと言える。

それに比べると、近年は傾向がずいぶん変化し、産業発明に対して積極的に与えられるようになった。IC（集積回路）の発明を顕彰したジャック・キルビーの受賞（2000年）あたりが、その代表だろう。

1959年にキルビー特許という形で世に現れた彼の発明は、シリコンウェハ上に並べたコンデンサなどの素子を、ウェハからはみ出した導線でつなぐというもので、ICと呼ぶにはお粗末な構造だった。やや遅れたロバート・ノイス（1990年に死去）のプレーナー特許こそが、ICの原型と言える。

しかし、キルビー特許を最大限に利用した企業が牽引役となって半導体産業が急成長し、現在に至るデジタル社会の基盤を作り上げたことは事実である。キルビーの受賞は、産業史的な意義を加味した結果ではなかろうか。

私のように、ノーベル賞は先駆的な基礎研究に与えるべきものだと思っている人間は、文句の一つも言いたくなるが、一般の人からすると、実用性の全くない理論よりも生活の改善に役立つ応用技術の方が、賞に相応しいと思えるかもしれない。

物理学者は、一般的に言って、論理的に問題を解決する能力が高い。彼らは、自然界の謎に日々直面している。こうした謎を前にして物理学者がまず考えるのは、何らかの仮説を立てれば理解が進むのではないかということである。新しい物性を持つ素材を探索する場合、さまざまな原材料を片っ端から使って実験する方法もある。しかし、物理学者は、わずかなヒントを元に仮説を立て、そこから打開策を考えることが多い。

例えば、新規の半導体を作ろうとする際、添加する不純物の原子半径が電気的な性質に一定の影響を及ぼすという仮説を立て、どんな添加物をどれだけ加えれば良いかを推測する。あるいは、表面を覆う薄膜が磁気的な性質に影響するという実験事実に基づいて、層の数を増やせば増やすほど性質が変わると仮定してみる。仮説を立てることで、何をすればどんな結果が生じるかを予測し、そこから新しい方法へと到達する――多くの物理学者は、こうした問題解決法を若い頃から身に付けているが、このやり方は、自然界の謎を解明するだけでなく、産業技術の開発においても役に立つ。

ノブレス・オブリージュという言葉がある。「高貴な人は義務を負う」という意味のフランス語で、最近では、「恵まれた人は社会的な責任を果たさねばならない」と解釈されて用いられる。この考え方に従えば、高い問題解決能力を持つ科学者は、それを社会に役立つ研究に向けるべきなのかもしれない。

確かに、数理科学に関してトップクラスの才能を持つ秀才たちが数十年にわたって研究し続けた挙げ句、自然界の根源的な謎は解明できないまま、他分野で役に立つかもしれないいくつかの数学的定理を発見しただけで流行が去った超ひも理論のように、人材を無駄遣いしたと言われても仕方ないケースがある。社会にとって有用な研究を重視するのは、悪いことではない。

キルビー以降で産業発明に対して授与されたと言えるケース（筆者の知識に限りがあるので物理学賞限定）としては、CCDイメージセンサ（2009年）、青色ダイオード（2014年）、パルスレーザー増幅法（2018年）などがある。技術開発に直ちに応用できる発見には、大容量HDDの開発につながった巨大磁気抵抗（2007年）のほか、レーザー関連のものが複数ある。グラフェンの簡単な製造法（2010年）は、アイデア賞と言えるかもしれない（発明者の一人アンドレ・ガイムは機知に富んだ研究者で、イグノーベル賞を受賞したことも）。これらの産業発明は、いずれも基礎物理学の知識を多かれ少なかれ応用しており、むやみに手を動かして見つけた訳ではない。

一方、素粒子論のようなミクロの基礎研究による受賞者は、ニュートリノ振動（2015年）以後は見当たらず、かなり減ったように感じる。ただし、これは選考委員が基礎研究に目を向けなくなったからと言うより、巨大加速器を用いた力ずくの素粒子実験が成果を上げにくくなったせいだろう。代わって増えたのが、かつては〝ノーベル賞に嫌われていた〟宇宙論や一般相対論の研究（2006、2011、2017、2019、2020年）で、産業には何の役にも立たない基礎研究ながら、宇宙と人間についての根本的な問いに答えるという点で、多くの人に強くアピールする。

役立つノーベル賞研究として私が特に興味を持ったのが、真鍋淑郎による気候のコンピュータ・シミュレーション（2021年）。新規な物理学的概念を考案した訳ではないが、従来からあったアイデアをコストと有効性の兼ね合いを熟考しながら具体化し、地球温暖化の現実性を明確に示した。基礎研究でありながら、社会問題の解決に直結する業績である。

蝸牛角上の科学

中国のことわざに、「蝸牛角上の争い」というものがある（出典は『荘子』）。とてつもなく巨大な宇宙から見ると、国家の領土争いなど、カタツムリ（蝸牛）の角の上で争っているようなものだという喩えだが、何やら昨今の科学研究の状況を揶揄しているように聞こえる。

最近の科学者たちは、自分が研究している分野にしか興味を抱かないようだ。その原因は、業績評価の仕組みにあるのかもしれない。就職や地位を左右する業績評価が、「執筆した論文が、他の研究者からどれくらい引用されるか」という被引用数を基準として行われるため、どうしても仲間内で引用し合える範囲の研究ばかりやるようになる。科学者本人は、互いに競いながら学問の進歩に貢献しているつもりだろうが、外から見ると、同じサークル内でちんまりとまとまったように思える。もはや、『荘子』で語られた左右の角での争いですらない。隣の角にさえ目を向けず、ただ、自分が乗った角を長く伸ばすことに汲々としている。

生命や意識とは何かといった、永遠の謎とも思える難題に取り組もうとすると、特定の分野に偏った知識ではどうしようもない。現代科学は、かなりの分量の知識を集積しているものの、全体を統合する視点がなく、まるで無数のピースがバラバラに散らばったジグソーパズルのような状況だ。異なる分野の研究者が見いだしたピースをまとめて、一つの全体像を形作るには、広範囲にわたる情報を俯瞰的に見据える必要がある。カタツムリの角ではなく、鳥の背に乗らなければ何もわからない。

地球で生命の誕生を可能にした要因は何か——この問いに答えるだけで、どれだけの知識が要求されるか、考えてみよう。

40億年近く前の海中で起きた生命の誕生は、いわゆる「エントロピー」が局所的に減少する過程である。熱力学によれば、全体では増大する一方のエントロピーが局所的に減少するのは、極端な温度差のある領域間で大量のエネルギーの流れが続く場合である。太古の海に流れ込んだエネルギー流としては、太陽から海に照射される光と、マグマに熱せられて海底から噴出する熱水があるが、地球で生命を育んだのはどちらなのか？　答えを出すには、熱力学や化学反応論、量子論をきちんと理解していなければならない。

深海が生命誕生の場として注目されるようになったのは、潜水艇による探査で熱水噴出口付近にチューブワームの群生など独自の生態系が発見されてからである。さらに、地球で生命が誕生したと推測される時期には、地表に小天体が次々と衝突し海水が激しく沸騰するので、光が到達する浅い海は生命に適さないとの主張もあった。

仮に海底の熱水噴出口が生命の揺りかごだとすると、恒星から遠く離れ光量が乏しい天体にも、生き物がいるかもしれない。例えば、土星の衛星エンケラドスには、氷の下に液体の水があり、地中からは潮汐力で加熱された高温の水が噴出しているようなので、生命誕生の要件が満たされると主張する人もいる。

しかし、私はエンケラドスに生物はいないと思う。生命の誕生には、自己複製能力を持つ、かなりの複雑さを備えた分子が不可欠である。こうした分子を生み出すには、紫外線の光子のように、一度の反応でフリーラジカルを生成できる巨大なエネルギーの塊が必要だ。フリーラジカルは、通常とは大きく異なったエネルギー状態の原子や分子で、複雑な化学変化を引き起こす強い反応性を持つ。海底の熱水では、熱エネルギーが分散してしまい、それだけのパワーがないだろう。

小天体が衝突して海水が沸騰したとしても、高分子がすべて破壊される訳ではない。細胞内器官を持つ組織化された生物体は耐えられないだろうが、生物か非生物か曖昧な進化の初期段階ならば、沸騰くらい乗り越えられるものがあるはずだ。地球で〝生命の素〟が誕生したのは、「比較的浅い海で太陽の光によって」という説に、一票を投じたい。

ハビタブル（生存可能）な環境の範囲を論じるには、さらに、天文学、惑星科学、生態学の知識も必要になる。

太陽は、生命にとって最適な恒星ではないかもしれない。最適なのは、太陽よりもやや質量の小さいK型主系列星の可能性がある。K型の恒星は、太陽に比べて光量は少ないものの表面温度が4～5000度あり、恒星に近ければ地球と同程度の紫外線が到達するはずだ。何よりも寿命が長い。太陽は100億年程度の寿命しかないが、K型なら数百億年は保ち、進化の時間的余裕が生まれる。K型よりも小さいM型の赤色矮星になると、寿命はより長いものの、地球と同程度の光量を確保するにはかなり恒星に接近しなければならず、フレア（恒星表面の爆発）に巻き込まれる危険性が大きいので、生き物には厳しい環境となる。

地球も、生命の進化に最適な惑星ではないだろう。もう少し質量が大きいと大気がより濃密になり、進化にプラスになる。また、内陸部に砂漠の広がる大陸よりも、小さな島が多数存在する島嶼部の方が生物多様性が高いので、地球より水の多い惑星の方が生命が繁栄できるだろう。

太陽や地球が最適でないにもかかわらず、人類が生まれたという事実は、生命の誕生と進化の確率について、かなり楽観的な予想を支持する。地球上に多くの生物が棲息しているのは、あり得ないほど特殊な条件が満たされたからではない。ハビタブルな惑星はかなりの数存在しており、そこで膨大な化学反応が繰り返されるうち、偶然に生命ができたのだろう。

周辺科学をカバーする総合的な知識があれば、こうした推論を積み重ねることで、生命誕生についての議論が深化されるはずだ。

意識について俯瞰的に論じるのは、さらに難しい。実在に関する根源的な理解が必要となるからだ。動物の中枢神経系は、単なる電気回路ではなく、量子論的な協同現象によって緻密に構成された組織である。そのことを知らないまま意識を論じても、問題の本質に到達することは不可能だろう。

カタツムリの上で研究しながら、角を1ミリ伸ばしたと喜んでいる科学者のことを、他人があれこれ批判すべきではないかもしれない。ただ私は、広大な科学の領野をさまよいながら、生命や意識について真剣に考察する脳天気な科学者の方が好きだ。

おわりに

私は、これまで、量子論や時間論など、特定の話題を中心とする著書を執筆してきた。本書のように、短いエッセイを集めて出版するのは、はじめてである。

短文の執筆自体は、以前から行っていた。30年くらい前に立ち上げた自分のホームページには、科学技術関連のニュースやQ&Aを随時公開した。もっとも、利用していたプロバイダーが突然ホームページのサービスを取りやめたり、ブログに移行しようとしたもののファイル転送に制約があったりと、いろいろな不都合が生じたため、しだいに書くのが億劫に。最近は、数ヶ月に1回しか投稿しないズボラ制作者になってしまった。

これまでの著書にも、コラムという形で短くまとめたエッセイ風のページを加えていたが、本文と共通のテーマに限られるため、発表機会のないアイデアがだんだんとたまってきた。そんなとき、編集者からエッセイ集を出さないかという打診があり、本書につながった次第である。

それぞれの内容は、読み切りエッセイとしてそれだけで理解できるように心がけたつもりだが、より深く知りたい場合は、私が以前に執筆した著書を参照してほしい。次ページ以降に参考文献を掲げる。

参考文献（いずれも、吉田伸夫著）

『「時間」はなぜ存在するのか』（SB新書、2024）

時間論全般、特にニュートンやガリレオの時間観や、エントロピーが局所的に減少する過程を論じた。同時に、SF作品と科学理論の関連にも触れており、「科学者はなぜオカルト嫌い?」で述べたSF好きの科学者（すなわち私自身）がどんなものかわかるだろう。

『人類はどれほど奇跡なのか』（技術評論社、2023）

生命の誕生や意識の発生など、「蝸牛角上の科学」の末尾で触れたテーマについて、私がどのように取り組んでいるかを紹介する。「期待されすぎの技術」で問題にしたAIの限界についても、簡単に触れる。

『量子で読み解く生命・宇宙・時間』（幻冬舎新書、2022）

「量子のトリセツ」「入り口が時代遅れでは…」などで紹介した量子論について、式を使わず図版を利用しながら説明する。

『この世界の謎を解き明かす　高校物理再入門』（技術評論社、２０２０）
高校物理で扱う古典物理学の内容全般を概説した。「物事には原因と結果がある?」「本当は難しいニュートン力学」などと関連。

『時間はどこから来て、なぜ流れるのか?』（講談社ブルーバックス、２０２０）
時間論全般を取り上げるが、ＳＢ新書と異なり特殊相対論における時間に重点を置く。

『科学はなぜわかりにくいのか』（技術評論社、２０１８）
「最先端科学は間違いばかり」や「科学者はなぜオカルト嫌い?」などで論じた科学的方法論、特に、反証可能性に関する議論を取り上げた。

『量子論はなぜわかりにくいのか』（技術評論社、２０１７）
「虚数は〝魔法の数〟ではない」の内容を含む量子論の解説だが、幻冬舎新書よりかなり高度な議論を行った。

『宇宙に「終わり」はあるのか』（講談社ブルーバックス、２０１７）
宇宙の始まりから終わりまでを通観するもので、「しみじみと宇宙の巨大さを想う」のバックグラウンドである。

『完全独習相対性理論』（講談社、2016）

「相対論の正しさを実感する方法」で示した〝方法〟を具体的に紹介。「原論文から浮かび上がるもの」で指摘したアインシュタインの混乱についても記した。数式を含む、やや高度な議論。

『光の場、電子の海』（新潮選書、2008）

「〝真空〟に満ちているもの」で紹介した場の量子論がどのように作られたかを、科学史に沿って説明する。冒頭では、マクスウェルの業績（「マクスウェルの本心を掘り起こす」）も取り上げる。

吉田 伸夫
［よしだ のぶお］

1956年、三重県生まれ。東京大学大学院博士課程修了。理学博士。専攻は素粒子論（量子色力学）。いくつかの大学の講師を経て、現在は、フリーランスの立場から科学哲学や科学史など幅広い分野で研究を行っている。

著書に『素粒子論はなぜわかりにくいのか』『科学はなぜわかりにくいのか』『高校物理再入門』『人類はどれほど奇跡なのか』（以上、技術評論社）、『時間はどこから来て、なぜ流れるのか?』『宇宙を統べる方程式』（以上、講談社）、『光の場、電子の海』（新潮社）、『量子で読み解く生命・宇宙・時間』（幻冬舎）、『「時間」はなぜ存在するのか』（SBクリエイティブ）などがある。

著者ホームページ『科学と技術の諸相』
http://scitech.raindrop.jp/

ブックデザイン……加藤愛子（オフィスキントン）
カバー装画………ナミサトリ
本文組版…………BUCH⁺

本書へのご意見、ご感想は、技術評論社ホームページ（https://gihyo.jp/）または以下の宛先へ、書面にてお受けしております。電話でのお問い合わせにはお答えいたしかねますので、あらかじめご了承ください。

〒162-0846　東京都新宿区市谷左内町 21-13
株式会社技術評論社　書籍編集部
『この世界を科学で眺めたら』係
FAX：03-3267-2271

この世界《せかい》を科学《かがく》で眺《なが》めたら
——真理《しんり》に近《ちか》づくための必須《ひっす》エッセイ25《にじゅうご》

2025年3月4日　初版　第1刷発行

著　者　吉田《よしだ》 伸夫《のぶお》
発行者　片岡 巌
発行所　株式会社技術評論社
東京都新宿区市谷左内町 21-13
電話　03-3513-6150　販売促進部
03-3267-2270　書籍編集部
印刷／製本　昭和情報プロセス株式会社

造本には細心の注意を払っておりますが、万一、乱丁（ページの乱れ）や落丁（ページの抜け）がございましたら、小社販売促進部までお送りください。送料小社負担にてお取り替えいたします。

ISBN978-4-297-14692-4 C3040
Printed in Japan